青少年心理自助文库
完美丛书

快 乐

春风得意马蹄疾

周正森/著

> 若想获得快乐，就必须从夹杂着忧虑
> 与沮丧之感的生活环境中，
> 创造出属于自己的快乐。

中国出版集团　现代出版社

图书在版编目(CIP)数据

快乐:春风得意马蹄疾 / 周正森著. —北京:现代出版社,2013.11

(青少年心理自助文库)

ISBN 978-7-5143-1623-0

Ⅰ. ①快… Ⅱ. ①周… Ⅲ. ①快乐 – 青年读物
②快乐 – 少年读物 Ⅳ. ①B842.6 –49

中国版本图书馆 CIP 数据核字(2013)第 273500 号

作　者	周正森
责任编辑	刘春荣
出版发行	现代出版社
通讯地址	北京市安定门外安华里 504 号
邮政编码	100011
电　话	010 – 64267325 64245264(传真)
网　址	www.1980xd.com
电子邮箱	xiandai@ cnpitc.com.cn
印　刷	北京中振源印务有限公司
开　本	710mm×1000mm　1/16
印　张	14
版　次	2019 年 4 月第 2 版　2019 年 4 月第 1 次印刷
书　号	ISBN 978-7-5143-1623-0
定　价	39.80 元

版权所有,翻印必究;未经许可,不得转载

P 前言
REFACE

　　为什么当今时代的青少年拥有幸福的生活却依然感觉不幸福、不快乐？又怎样才能彻底摆脱日复一日地身心疲惫？怎样才能活得更真实快乐？越是在喧嚣和困惑的环境中无所适从，我们越是觉得快乐和宁静是何等的难能可贵。其实，正所谓"心安处即自由乡"，善于调节内心是一种拯救自我的能力。当我们能够对自我有清醒认识，对他人能宽容友善，对生活无限热爱的时候，一个拥有强大的心灵力量的你将会更加自信而乐观地面对一切。

　　青少年是国家的未来和希望。对于青少年的心理健康教育，直接关系着下一代能否健康成长，承担起建设和谐社会的重任。作为家庭、学校和社会，不能仅仅重视文化专业知识的教育，还要注重培养孩子们健康的心态和良好的心理素质，从改进教育方法上来真正关心、爱护和尊重他们。如何正确引导青少年走向健康的心理状态，是家庭、学校和社会的共同责任。心理自助能够帮助青少年解决心理问题，获得自我成长，最重要之处在于它能够激发青少年的自我探索的精神取向。自我探索是对自身的心理状态、思维方式、情绪反应和性格能力等方面的深入觉察。很多科学研究发现，这种觉察和了解本身对于心理问题就具有治疗的作用。此外，通过自我探索，青少年能够看到自己的问题所在，明确在哪些方面需要改善，从而"对症下药"。

　　好的习惯将使你成为有成就的人，同样，坏的习惯也将使你一生一事无成。所以切不可小看平时一些微不足道的毛病，一旦养成习惯，将成为你前进路上的绊脚石。这就非常需要我们仔细检查一遍自己的习惯。看看哪些是有益的，哪些是有害的，而后，将有害的改为有益的。哪怕一个小小的改

变,假以时日,必能受益无穷。后天的培养铸就了人们强大的习惯,要树立勤奋是光荣的、努力和坚持不懈终会得到好回报的信心,正所谓好习惯结好果,坏习惯酿恶果。

习惯是所有伟人的奴仆,也是所有失败者的帮凶。伟人之所以伟大,得益于习惯的鼎力相助;失败者之所以失败,习惯同样责不可卸。习惯决定命运。但我们应该明白,习惯不是与生俱来的,它是我们在后天的行为活动中逐步形成的。只有在正确道德意志的驱使下,才能形成良好的习惯。捡起别人忽略的纸屑,扔掉马路上的砖瓦,按时归还借来的东西,学会整理自己的学习用具,学会独立处理自己的事情……这些都需要我们在日复一日的学习与生活当中逐步养成。

所有成功人士都有一个共性,那就是,基于良好习惯构造的日常行为规律。各个领域中的杰出人士——成功的运动员、律师、政客、医生、企业家、音乐家、教育家、销售员,以及其他专业领域中的佼佼者,在他们的身上都有一个共性,那就是良好的习惯。正是这些好习惯,帮助他们开发出更多的与生俱来的潜能。正因为习惯的力量是如此之大,所以我们要养成良好的习惯以有助于成功。

本丛书从心理问题的普遍性着手,分别描述了性格、情绪、压力、意志、人际交往、异常行为等方面容易出现的一些心理问题,并提出了具体实用的应对策略,以帮助青少年读者驱散心灵的阴霾,科学调适身心,实现心理自助。

本丛书是你化解烦恼的心灵修养课,可以给你增加快乐的心理自助术;本丛书会让你认识到:掌控心理,方能掌控世界;改变自己,才能改变一切;本丛书还将告诉你:只有实现积极心理自助,才能收获快乐人生。

C目 录
ONTENTS

第八篇　快乐其实就在你身边

第一篇 >>>

选择适合自己的生活

有人说：一个人生活在这个世界上要么享受生活，要么被生活享受。

的确，你选择的生活没有人会为你感到悲哀或者同情。

你开心也好，伤心也好，每天昏昏沉沉也好，每天伤心欲绝也好，也没有谁会为你刻意的改变什么。

既然如此，我们为什么不去选择适合自己的生活方式，每天开开心心地生存在这片空间，而不是每天在抱怨生活好累，做人好累。

适合你的，才是最好的

有两只老虎，一只在笼子里，一只在野地里。

笼子里的老虎三餐无忧，野外的老虎自由自在。两只老虎经常进行亲切的交谈。

笼子里的老虎总是羡慕外面老虎的自由，外面的老虎却羡慕笼子里老虎的安逸。一天，一只老虎对另一只老虎说："咱们换一换吧。"另一只老虎同意了。

于是，笼子里的老虎走进了大自然，野地里的老虎走进了笼子。从笼子里走出来的老虎高高兴兴，在旷野里拼命地奔跑；走进笼子的老虎也十分快乐，它再不用为食物而发愁。

但不久，两只老虎都死了。

一只是饥饿而死，一只是忧郁而死。从笼子中走出的老虎获得了自由，却没有同时获得捕食的本领；走进笼子的老虎获得了安逸，却没有获得在狭小空间生活的心境。

可见，适合的才是最好的。

许多时候，人们往往对自己的幸福熟视无睹，却觉得别人的幸福很耀眼。殊不知，别人的幸福也许并不适合自己。更让人想不到的是，别人的幸福也许正是自己的坟墓。

古时有邯郸学步者，看到别人走路姿势优美，便煞费苦心，细心钻研学习。可是，学步者根本不适合，最终不仅没有学会别人的步态，还忘记了自己当初的走姿，岂不可笑可悲！

适合的才是最好的。其实,每个人都有一个最适合自己的位置,只有找准了才能实现自己的价值。只有安心享受自己的生活,享受自己的幸福,才是快乐之道。

"自知者不怨人,知名者不怨天。"这句话意在强调的是一种乐观的生活态度。一个人若能准确地找到自己的位置,能清楚地认清自己的才能,不随波逐流,不盲目攀比,未尝不是一种快乐的态度。

你不可能拥有一切,也不可能什么都适合去做,所以,不要再为自己那些不切实际、好高骛远的思想心力交瘁了,也不要再对自己的能力妄自菲薄。学会随时变通,有学会放弃,学会知足,才能更好地把握快乐、享受幸福。

台湾著名漫画家蔡志忠说:"如果拿橘子比喻人生,一种是大而酸的,另一种就是小而甜的。一些人拿到大的会抱怨酸,拿到甜的会抱怨小;而有些人拿到小的就会庆幸它是甜的,拿到酸的就会感谢它是大的。"这段话告诉我们:不同的人对待人生有着不同的态度,一种是对生活总是抱怨与不满;一种是对生活总是庆幸与感谢。人的一生不可能总是事事如意,有时也有不幸的事,关键是看你以一种怎样的心态去面对。

有一少妇投河自尽,被正在河中划船的船夫救起。船夫问:"你年纪轻轻,为何自寻短见?"

"我结婚才两年,丈夫就抛弃了我,接着孩子又病死了。您说我活着还有什么意思?"少妇痛苦地答道。

船夫听了,想了一会儿,说:"两年前,你是怎样过日子的?"

少妇说:"那时的我自由自在,没有任何烦恼……"

"那时你有丈夫和孩子吗?"

"没有。"

"那么你不过是被命运之船送回到两年前去了。现在你又自由自在,没有任何烦恼了,你还有什么想不开的? 请上岸去吧……"

听了船夫的话,少妇恍如做了一个梦,感觉心中豁然开朗,便离岸走

了。从此，她没有再寻短见，她从另一个角度看到了希望的曙光。

可见，换个角度去看问题，也许结果就会是另一种情形。当痛苦向你袭来，不要悲观，不要气馁，寻找痛苦的原因及战胜痛苦的方法，你就会看到事物美好的一面。

著名物理学家玻尔，在成功创建"能级"学说之后被别人问道："您创建了一个第一流的物理学派，有什么秘诀吗？"他说："因为我不怕在学生面前显露我的愚蠢。"这个回答令人吃惊，但只要细细一想，也不无道理。虽然对于众多教师来说，在课堂上显示出自己的愚蠢是很失败的表现，但是这种失败会迫使自己学习更多的知识，对知识进行更深入的研究、探索，从而使自己的水平更上一个台阶，这失败难道不是"垫脚石"吗？换一个角度对待失败，换一个角度对待那块"绊脚石"，你会发现成功的光芒正在不远处闪光。

有个年轻人为贫所困，便向一位老者请教。老者问："你为什么失意呢？"

年轻人说："我总是这样穷。""你怎么能说自己穷呢？你还这么年轻。""年轻又不能当饭吃。"年轻人说。老者一笑："那么，给你10000元，让你瘫痪在床，你干吗？""不干。""把全世界的财富都给你，但你必须现在死去，你愿意吗？""我都死了，要全世界的财富干什么？"老者说："这就对了，你现在这么年轻，生命力旺盛，就等于拥有全世界最宝贵的财富，又怎能说自己穷呢？"

年轻人一听，又找回了对生活的信心。

所以说，任何事情都不是绝对的，就看你怎么去对待它。换个角度看问题，往往能海阔天空。

如果遇上不如意的事情，换个角度就变成了好事。同样的一件事，以前给自己带来的是烦恼、苦闷，而现在带给自己的则是积极向上的动力。

其实世间许多事就如同硬币,有正反两面。当我们抛到自己不喜欢的一面时,不妨静下心来告诉自己:再试一下,也许你就能找到自己喜欢的那一面了。如果想通过生活的考验,不妨换个角度试试。换个角度看问题,会让你多一些智慧,少一些鲁莽。拥有它,会使你的生活多一些顺畅,少一些坎坷。学会它,你会受益终生。

心灵悄悄话
XIN LING QIAO QIAO HUA >>>

适合他人的,不一定适合自己;适合自己的,也不一定适合他人。不可勉强自己去做自己根本无法做到的事情。只要你尽了自己的最大努力,你就会无怨无悔;只要你找准适合自己的,你才能真正拥有快乐。

事情还没那么糟糕

所谓危机，其实可以分成两个字看，一个是危险，另一个就是机会。

有这么一个故事，说的是一个牧师对孩子们许诺，如果谁能背出《圣经·马太福音》第五章到第七章的全部内容，他就邀请这个幸运儿到西雅图的太空针高塔餐厅参加免费聚餐。要知道，这个地方可是孩子们梦寐以求想要进入的高级餐厅呢！

尽管机会来临了，但一想到必须背诵长达几万字的圣经，大多数孩子都觉得很困难，于是他们匆匆进行尝试后就放弃了，甚至发出抱怨："太难了！根本不可能有人靠这样的方法进入高塔餐厅参加聚餐，牧师在捉弄我们！"

然而，几天以后，一个平时很不起眼、只有11岁的男孩来到牧师面前，并依照要求，极为流畅地背诵了全部内容，让所有人都跌破了眼镜，连呼不可思议。

牧师一面赞叹男孩的惊人天赋，一面询问他背诵下来的奥秘。而这个男孩只是微笑着答道："我竭尽全力！"

不用说，这个竭尽全力的男孩如愿进入了西雅图的太空针高塔餐厅，享受了属于他的那份美味大餐。16年以后，这个习惯了不去思考艰难，只管朝着目标稳步前进的男孩再次惊动世人，成为全球著名软件公司的老板，创造出更多不可思议的财富和智慧。

他的名字就是——比尔·盖茨。

生活中,每个人都可能面临同样的困难:遭遇瓶颈,生活窘迫,前途渺茫,没有方向,情感失意……在这种状况下,不同人会采取不同的对策,而不同的对策将演变成一个个不同的结果。有的人悲观,只会被动接受命运的安排,于是逐渐被生活打磨得失去想象,最后随遇而安;有的人乐观,主动迎接挑战,竭尽全力和命运进行拼搏,最后赢得了惊喜和收获。

悲观的人最大的特点就是往往只看得到不可征服的困难。当他面对一个具体的任务时,脑海中便会快速生成各种糟糕结果,还没有起程就放弃,暗自考虑如何退却、如何维持原有的利益。当然,这样的人肯定也是缺少欢笑和兴奋的。因为,他们无论如何都找不到让自己轻松起来的理由。即使上帝在这个时候让馅饼从天而降,他也会质疑这样的恩赐是不是隐含了陷阱,满怀恐惧而不是喜庆地接受这样的馈赠。

比尔·盖茨是一个乐观积极的人,他不会从别人的失败中无端地推测自己的结果,也不会贸然替自己施加那些恼人的障碍。面对困难时,他总是摒除杂念,竭尽全力让自己的潜能最大化,以消灭困难,这也就是他后来能傲视世界取得成功的一个不可或缺的特质。

我们完全有理由认为,所有的成功者都是不会被险恶阻拦的勇士。他们踏实地生活在当下,眼睛眺望着明天的目标,然后冷静地制定策略,储蓄才能、物资、技巧、健康……不因未来的不确定而退缩,更不会浇灭自己刚刚升起的梦想。

像英国海军上将佩恩说的那样:"没有播种,何来收获;没有辛劳,何来成功;没有磨难,何来荣耀;没有挫折,何来辉煌。"面对困难时,如果只知道一味地回避风险及困难,一味地怀疑及否定幸运,不做大胆的尝试与行动,那么很容易就会被假想的无形障碍阻拦,永远都无法收获沉甸甸的幸福。

很多时候,机遇就是穿在困难身上的隐形衣,伴随着困难降临,让人能在坦然的笑容中获得一切。

世界旅馆业大王康拉德·希尔顿曾在自己的传记里谈到,一个人想

要改变生活，最重要的一件事就是必须要有目标，要怀有梦想。而梦想，不是让你愁眉苦脸地去挣扎，而是能够让你积极乐观地去应对各种机会。

世界是公平的，小人物的烦恼，是关于自身衣食住行的小烦恼；而大人物呢，当他们的事业正如火如荼进行的时候，一旦出现烦恼，恐怕会波及更多人的衣食住行。这个烦恼，也许和一场瘟疫造成的灾难不相上下。

当年全美陷入经济大萧条的时期，希尔顿苦心经营的旅店业也在冲击中受到重大影响。眼看着身边熟悉的人一个个愁眉苦脸，惶恐度日，有的甚至选择了自杀，而他自己也无可避免地陷入了资金上的困境，希尔顿身心异常疲惫，他甚至沮丧地对母亲说："或许我选错了职业，其实我应该去学做摇篮或棺材的，它们都比旅店业强！"

希尔顿的母亲是一位非常伟大的女性，她缓缓而坚定地劝慰儿子说："现在有人跳楼，有人沉沦下去，也有人向上帝祷告。康尼，你千万别泄气，一切都会过去的。"

看着母亲坚定的眼睛，想到她当年为了实现理想而无所畏惧地带着家人艰苦创业，却依然保持着迷人笑容的过往，希尔顿绝望的心里突然间又充满了希望。当律师私下与他商量，希望他宣告破产脱离窘境时，他毫不迟疑地拒绝了。

希尔顿认为，只要能重新把握时机，还是可以起死回生。所谓危机，其实可以分成两个字看，一个是危险，另一个就是机会。只要自己没有宣布倒下，那重振山河的机会就一定存在。

后来，希尔顿在亲友与母亲的帮助下，不仅成功振兴了旧产业，还大胆投资石油，最后他终于绝处逢生，闯出一条生路来。紧接着，他依靠实力一点点建造起庞大的国际希尔顿旅馆有限公司，拥有全球两百多家旅馆，每天接待数十万的各国旅客，资产总额达数十亿美元，年利润更达到数亿美元，雄踞全世界大旅馆的榜首，而希尔顿也成为名副其实的美国旅馆业大王。一切，都在希尔顿临危不乱的从容中得到改善。

所以，在面临生活窘境时，在应对巨大压力时，坚持微笑着朝前看，不

做毫无意义的哭泣和抱怨,让心情轻松愉快,才能让自己的勇气和动力逐渐强大,如此才能扭转不利,逐步实现自己的目标。

如果遇到担忧或者害怕的事情,你能放下那些影响自己做出正确决定的恐惧和畏缩,放下那些打击自信的悲观心态,告诉自己:"没有什么是过不去的! 试一试,永远都比不知道结果要好!"你就会惊讶地发现,事情其实没有你原先想象的那么复杂,也没有那么可怕。

请记住,笑着走路的人,运气更好! 因为他送出去的灿烂微笑,可以吸引更多的目光和关注,还有更多的机遇!

心灵悄悄话
XIN LING QIAO QIAO HUA >>>

或许你不能支配自己的工作,但你的态度能够使生活发生转变。请记住,笑着走路的人,运气更好! 因为他送出去的灿烂微笑,可以吸引更多的目光和关注,还有更多的机遇!

找到自己的出路

尽管人人都希望快乐如意,但无论怎么努力,怎么平衡,还是有一些悲伤和痛苦是无法避免的。那些伴随着生活琐事发生的失望、沮丧和痛苦,就像四季的气温变化,是正常而自然的,需要你默默地承受和消化。

有一则有趣的故事,讲的是两只蚌和一只螃蟹的对话。虽然故事很短小,却蕴涵极为深刻的意义,告诉人们应该如何接受必要的痛苦和悲伤。

一只蚌对另一只蚌抱怨说:"我真是痛苦不堪,那颗丑陋的沙子在我的身体里滚来滚去,让我浑身疼痛,整日都无法休息!"

另一只蚌闻言却哭泣着说:"我倒是宁愿那么痛苦!谁都知道,只要过了这个最艰难的时期,你就可以生出美丽的珍珠,这多么让人羡慕啊!"

一只螃蟹听到两只蚌的对话,忍不住站出来说道:"其实你们都不需要抱怨!有了沙子在身体里的蚌啊,接受你这短暂的痛苦吧,你迎接的将是永恒的珍贵!没有沙子的蚌啊,安静地等待吧,只要你愿意让沙子进入你的身体,每一天都是机会。即使永远都没有沙子,你享受的难道不是轻松和快乐吗?哪需要去眼红别人的遭遇!"

从"我"中跳出来,与别人进行交流沟通,参考各自的生活轨迹和方式,这是一个很容易破解痛苦的简易方法。因为相互的比较,可以让人们清楚地看到原来被忽略的一些事实和本质。例如说,尽管你的职业不够响当当,但是你的薪水很稳定;尽管你的相貌很丑陋,但是你的子女很上

进;尽管你的老板很苛刻,但是你的妻子很贤惠……

一旦你开始诚心感恩上天的赐予,就会不好意思再夸大自己那些微不足道的痛苦了。而"我是世界上最不幸的人"的自我暗示一旦消除,人的压力和负担也会降低,再大的痛苦,也会被轻易地瓦解与消除。

其实,一个人忍受痛苦的耐力,就是验证自我能力的试金石。很多时候,忍受痛苦并不代表放弃抵抗,而是要让自己从这种悲伤中找到出路,在苦痛中创造出美好的明天。

第二次世界大战中盟军杰出的指挥官之一,英国将军伯纳德·蒙哥马利在与德国名将隆美尔作战中声名鹊起,他因为打败了这只沙漠之狐而成名。然而很多人不知道的是,蒙哥马利的童年,其实是在痛苦的忍耐中度过的。

蒙哥马利认为,能够忍受痛苦,具有应对任何意外事故的能力,是取得胜利的基本特质。压力越大,成功的概率也就越大。

幼年时期的蒙哥马利是家里的第4个孩子,因为天性好动,不喜欢学习,所以经常做出违背父母意愿的顽皮举动,常让有洁癖的年轻母亲异常恼怒,导致他经常受到母亲的责骂和冷落。情况严重的时候,母亲甚至用"你只能当炮灰"的话语来攻击可怜的儿子。而他的母亲总是在人前批评他、打击他,这更让别人有机会和理由去小看他。母亲的暴躁和绝情伤害了蒙哥马利的心灵,于是从他成年进入军队以后,就至死也不愿意和母亲往来。

但是,母亲施加的这些伤害并没有让蒙哥马利沉沦于痛苦中不可自拔,尽管他每天都处于高压的阴影之中,但他仍然接受命运的安排,不去理会那些非议和嘲讽,坚持做自己觉得正确的事情。他的每一个举动,都恰巧印证了著名武侠小说作家古龙的思想精髓:只有一个能在清醒中忍受痛苦的人,他的生命才有意义,他的人格才值得尊敬。

在蒙哥马利后来的回忆录里,他说道:"我童年缺乏母爱所带来世人

对我的嘲笑和蔑视,这种刺激造就了我坚韧不拔的意志和超凡的智慧,没有这种特质,我不会成为后来的蒙哥马利。"

无论多么痛苦,只有忍受住煎熬,敢于承受事实,做自己应该做的事,才可能在不知不觉中得到自信,寻找到一条崭新的道路。蒙哥马利就是这样一个不甘受压于痛苦,勇敢走出困境,缔造不朽成就的伟大人物。

人不是为了吃苦而生存下来的,但是,苦来了,我们也不用去畏惧,勇敢地面对变化,毫不退缩地忍受痛苦,是打开意志力的阀门。

大多时候,即使只是在厨房里做着简单的家事,他也像蜕变前的蝶蛹,忍耐着,变化着,让留在内心深处的理想随着不间断的筹划而慢慢实践,最后他终于抓住机会,成就自己的一番事业。

让蚌忍受痛苦的是绮丽的珍珠,让李安忍受痛苦的是美好的前程。

因此,不要期待那传说般的时来运转,也不要因为暂时没有机会而抱怨唠叨。或许,机会在来临的途中悄悄地睡着了,而你的坚持就是唤醒它的唯一妙方。从最小的努力做起,然后用一个完整的计划和不懈的行动来促成机会的造访。

一个人要想得到更多的快乐和幸福,就必须忍受属于自己的那份寂寞与孤独。只有坦然接受这些痛苦,才能迎来暴雨之后的彩虹,看到漫天星光灿烂。

耐心等待,也是一种不可多得的秘密幸福。

心灵悄悄话
XIN LING QIAO QIAO HUA >>>

能够忍受痛苦,具有应对任何意外事故的能力,是取得胜利的基本特质。世人都想有一本成功的秘籍,有些人穷其一生精力去找寻这本无字天书,但成功的人,一生都在不断编制自己的无字天书。

自尊自爱是快乐的源泉

19世纪法国伟大的作家巴尔扎克曾说："谁自重,谁就会得到尊重。"无论薪水高低,生活环境好坏,每个人都发自本能地喜欢那些代表希望和阳光的特质,例如乐观、开朗、坚毅、幽默、自尊……而这些优质的品质里,没有什么比在逆境中仍可以保持微笑的乐观心态更能打动人心的了!

很多人生来就与平凡艰苦的环境、他人的轻蔑欺侮以及不公平的待遇等众多负面的际遇密不可分,但是,即使命运从一开始就注定充满许多麻烦,那些有着非凡特质的人,却似乎看不到这些琐碎的愁苦和烦恼,总能在该说话时说话,该唱歌时唱歌,该欢笑时欢笑,坦然享受属于自己的一份权利。

英国19世纪著名的女作家夏洛蒂·勃朗特,在其自传体小说《简·爱》中,塑造了一个从小就接受了贫穷、疾病、孤独、责罚、歧视等所有不幸的女孩简·爱的形象,让她代表自己来表达一种生活态度——乐观和自尊。

即使面对连续不停地磨难和挫折,简·爱仍不卑不亢,保持着优雅的微笑和宽广的爱心,顽强应对着世间各种冷酷无情的挑衅。她不为自己缺乏的所谓美貌、权势、门第而感到不安,而是接受并消化它们带给自己的一切苦果,努力强化自己的所有优势。当她发现自己遇到了爱情的时候,尽管爱的魔力让人失去理智,但她还是对着爱人罗齐斯达先生说出了那段掷地有声、代表尊严和人格的经典名言:

　　"你以为，就因为我贫穷，我低微，我平凡又瘦小，就没有灵魂、没有感情了吗？你想错了！我的灵魂跟你一样丰富！我的心跟你一样充实！如果上帝赐予我美貌和财富，我就要让你感到难以离开我，就像我现在难以离开你一样。我现在不是按照习俗和常规和你说话，甚至也不是用肉体跟你说话，而是用我的灵魂跟你的灵魂说话。就像是两个人穿过坟墓，平等地站在上帝脚下，因为我们是平等的！"

　　听到了吗？夏洛蒂借用简·爱的声音在告诉世人：尽管每个人生来就有许多差距，但每个人的灵魂都拥有相同的权利。该我得到的欢笑和幸福，我绝不同意打折。

　　就像伟大的德国哲学家黑格尔所说的那样："人应尊敬自己，并应自视能配得上最高尚的东西。"

　　虽然在现实生活中，大多数人终其一生都难以创造出惊人的成就，可是，只要能把独立乐观当作生命应尽的责任和义务，不被俗世观念击败，毫不退缩地去追求，积极释放自己的能量，就能找到自己的位置。有了坚持和执着，人们才能在艰难中赢得尊敬与机会，创造出自己的奇迹。

　　生活艰难的时候，大多数人都习惯接受外力的援助，总是期盼能有上帝或者贵人降临，帮助自己快速脱离困境。即便后来开始努力补救，但心中其实仍充满了怨恨，觉得自己是最不幸、最倒霉的人。这样的消极心态，是相当不正确的。想想更艰苦的人吧，让自己站起来的第一个动作就是擦干眼泪！

　　俄国作家屠格涅夫说："自尊自爱，作为一种力求完善的动力，是一切伟大事业的渊源。"

　　要是一个人被偏见和嘲讽阻挠，丧失了上进的勇气，即使旁人给予再多的鼓励也是无济于事的。

　　自己不努力，只等着博取别人的同情和帮助是可耻的！施舍和援助只会让一个人加速软弱，让自己彻底变质，沦为不幸的象征，同时让隐藏的破坏更具体，更持续。不因自己的卑微而放弃尊严，该说就说，该笑就

笑,该唱就唱,这种人才能勇敢地承载所有的考验,寻找扭转命运的机会!

两千五百多年前的希腊,有个谈吐不清、又矮又丑的孩子,他先是被人们当成疯子,后来又被舅舅虐待,在失去疼爱自己的母亲后,他被一个坏心眼的牧羊人卖掉,成了奴隶。这个可怜的孩子在各种苦难中成长,最后竟然逐渐能够正常说话了,而且他还特别喜欢将自己看到的、听到的各种传闻编成故事讲述出来。由于他善于向人们展示才华,还曾依靠机智为主人排忧解难,因此,为了奖励他的博学和聪颖,主人恢复了他的自由,实现了他到各地游说的愿望。

这个不简单的人,就是著名的寓言家伊索。

每个人都无法选择自己的出生,或强或弱,或好或差,都是所谓的命运。但是,我们可以改造这样的安排,运用后天的智慧,学着调整,打造出一种最满意的生活方式,将生命中一些无形的伤害降到最低。

作为一个奴隶,表面看只能被动接受命运的安排,可伊索不喜欢这样的安排,他竭力地冲击那些看起来难以破裂的壁垒。当他放弃奴隶的驯服与安静的本分,滔滔不绝地发表意见,吸引人们视线的时候,他也赢得了尊重和注视,而他未来的道路也因此被开拓出来。

方寸之间,自有天地。面带微笑地去迎接挑战吧!当你不管输赢都能镇定执着并且乐观积极时,就连敌人也要佩服你几分。

懂得激发身上积极的特质,营造自尊的微笑,就是一个改变困境的好办法!

心灵悄悄话
XIN LING QIAO QIAO HUA >>>

自尊自爱,作为一种力求完善的动力,是一切伟大事业的源泉。自重、自觉、自制,此三者可以引致生命的崇高境界。

在痛苦中消灭痛苦

日子变得难过,会痛苦!身体失去健康,会痛苦!安全失去保障,会痛苦!痛苦是一种感受,你觉得它沉重,它就会让你喘不过气来;你不在意它,它就会慢慢地消失。面对突然来临的痛苦,如果你总是心存不满,觉得上天不公平,那么痛苦将无从消退,而且还会越来越深重,对人的伤害也远远大于它实际的破坏。

一群痛苦的人聚集在庙里,喋喋不休地抱怨,期待上天能赐予他们解脱的法宝。

老沙弥走了过来,微笑着说:"请各位安静下来,围坐在一起,敞开心扉,把自己遇到过最刻骨铭心的不幸说出来,相信用不了多久,那些痛苦就会自动消失。"

人们听了很惊诧,都觉得老沙弥言过其实。然而,当其中一些人按照他的提议去做后,却惊讶地发现,通过倾听别人的故事,才意识到世上还有那么多的痛苦,而自己仅仅是经历了其中很渺小的一点罢了。于是,人们放下心结,微笑着走出了庙门。

如果你把挡在眼前的一片树叶视为整个世界的终点,它就会在你的心魔的协助下变得异常强盛,最后你将因为绝望,而败落在这个小小的障碍下。如果你冷静下来,稍微转换一下方向,小小的树叶就会自动闪开,眼前豁然开朗。

一个人有一个人的痛苦,一个人也有一个人的幸福。

对于大多数人来说，适时地向朋友、家人、同事倾诉内心的困惑和苦恼，这些都是正常的，也是合理的。但如果你反复不停地在人面前抱怨唠叨，喋喋不休，营造出受害者的形象，那么，无论你的经历多么值得同情，那些对你做出可恶行为的人多么难以被饶恕，你都会因为自己不理智的态度而惹人生厌。

面对别人遇到的困难和痛苦，刚开始的时候，一般人都会表示相当的同情和理解，并给予劝解和安慰，有些人甚至还会主动提供援助和支持。然而，如果这个人不去积极地改善，只是继续强化自己受害者的形象，那么他的倦怠感就开始在内心生根，彻底摧毁他的士气，少了积极作为动力，做事自然就容易失败。出于自我保护的本能，这时，再善良的人也会在潜意识里回避与他来往，以减少麻烦。

消极地对待痛苦，只会让它产生更大的负面影响。因此，人在痛苦难耐时，不要总想着自己应该得到什么，而是必须安静下来，思考自己接下来应该怎么办。只有循序渐进地解开自己的心结，痛苦才会渐渐消失。

许多人会因为受到委屈，成为一个值得同情的受害者，然而他却在转身进入另外一个环境时，让自己也成为这种负面气氛的传播者，将所有的抱怨和仇恨发泄到无辜的人身上，包括自己的亲人和朋友。

事实上，如果连自己都不愿意承受痛苦，那就更应该体会这种伤害带给别人的痛苦，就更应该懂得换位思考，尽量不要让别人也受此磨难。如果一个人不懂得克制自己的情绪，只知道一味强化自己受害者的形象，就容易沦为人人厌恶的"行凶者"。而一味地发泄不满，并不能解决真正的矛盾，痛苦还是顽固地存在。

如果每个人都能心存感激地检视那些尚在身边的一个个真实而具体的幸福，例如自己的健康，家人的安宁，生活的稳定……感谢在生活中有幸得到的一些经济保障，想想那些和自己一样命运多舛的人，或许还无法得到如此厚重的馈赠呢！如此一来，当我们面临困境时，心火便不会那么邪旺，自然也就不会通过伤害别人来达到自己内心的平衡。

当我们遭遇困境时，请记住，不要屈服于忧愁，要坚定地抗拒它，否则

忧愁这习惯就会得寸进尺。

华人首富李嘉诚先生,12 岁随父来到香港,14 岁就失去了父亲,开始赚钱养家。在他奋斗的经历中,面对过无数次险恶的境况及别人的刁难,无数次从残酷的变化中逃生。然而从头到尾,他都没有抱怨过,他总是能及时调整自己的情绪,用更为广阔的胸襟接受一切考验。

一个人比别人多了一些成功的机会,也肯定会比别人多一些失败的机会。同理,如果一个人比别人多一些幸福的体会,也肯定会比别人多一些痛苦的体会!

没有谁是天生应该受苦的,也没有谁是天生就来享受快乐的。在人生的道路上无所畏惧地摸爬滚打,用乐观、执着、感恩的心对待上天给予的酸甜苦辣,把握角色变更的时机,才能在迎接事业成功的同时,享受真正的幸福。

无论遇到什么困苦,千万不要轻易地贬低、怨恨自己,如果你总是让自己陷在压力与困难中,那么不断累积的糟糕情绪就会让你失去斗志,打乱你的思维和行动,对改变现状一点帮助也没有。

不要抱怨自己失去太多,请盘点你所拥有的一切。你会发现,在同样的条件下,你跟别人比起来,其实已经很幸运了,你得到的正是别人梦寐以求的!

心灵悄悄话
XIN LING QIAO QIAO HUA >>>

我们生来就是要经历痛苦和欢乐的,因此不妨这样说,最杰出的人总是用痛苦去换取欢乐。不要屈服于忧愁,要坚定地抗拒它,否则忧愁这习惯就会得寸进尺。

不要预支明天的不幸

公司业绩不好,失业率升高,物价上涨……景气差的时候,每个人几乎都是朝也痛苦,夕也痛苦,张嘴就是:"明天怎么过?"

其实,笑是过一天,哭也是过一天,明天的痛苦还没有真正发生,我们为什么要为此忧心而皱起眉头呢?

在荷兰首都阿姆斯特丹,一座15世纪的教堂废墟上有则留言:"事情是这样的,就不会是那样。"要知道,任何事情一旦发生了,即使不如你的意,你也只能承受那样的结果。

接受命运的一些安排,是一般人不可抗拒的选择。当你陷在痛苦和不满的泥沼中时,若只会一味地沉浸于眼前的种种不快,那么即使有机会造访,也会被你忽略。因此,面对困难时理智的做法应该是:千万不要预支明天的不幸!等到不幸确实来临时,更要临危不乱,专注精神尽量补救,才能降低它所带来的损害。

纵观古今中外,李嘉诚能顶住当年的经济危机而叱咤商界,海伦·凯勒能在双目失明的情况下写出不朽的著作,罗斯福身患疾病却依然能领导一个国家……这些人,难道不是和我们一样,也曾遭遇过重大的打击吗?但他们为什么又能那么快地站起来,幸福地享受成功的果实呢?

其实,道理很简单。他们都是生活的乐观者,能够在黑暗中看到光明的征兆,挺过艰难的磨炼。因为豁达,因为知足,因为不向逆境屈服,所以他们崛起!

做人需要向前看,即使前面充满了各种未知的危险;做人也需要向后看,感谢命运为你提供的一切帮助和关怀。

有个故事,讲的是动物王国推出了一个"谁感到生活最幸福"的问卷调查,一头即将被人类屠杀的猪在所有的提问上都打上了满意的红勾。所有的动物听到这个消息都议论纷纷,觉得难以相信。于是报社记者赶到了屠宰场,紧急采访那头对生活的满意度最高的猪。

记者问道:"请问,你不是即将失去生命吗?怎么可能会感到幸福呢?"

猪说:"我的一生确实是幸福的,至少,我是这么觉得。因为一头猪的幸福不是单方面的感受,而是和大多数动物相比而言的。我一生下来,就不会被要求去学习各种高难度的技巧,可以自由地运动、娱乐、休息和睡觉。当我想晒太阳的时候,我能在温暖的泥泞里打滚,尽管有些脏,却没有任何人阻挠。当我想吃的时候,我有丰盛的食物,而且我吃得越多得到的肯定也越多。当我疲惫的时候,没有任何人会派遣我去做那些繁重的劳动,我也不会像牛、羊一样有无法逃避的义务。

"当我日益肥壮,人类要将我制成香肠和烤肉的时候,说真话,我觉得这样的死亡并不可怕!想想看,哪一个动物不会死去?如果我享受了你们无法享受的一切快乐,那么,提前进入天堂也是一种良好的待遇!最起码,你最后一眼看到的依然是年轻漂亮的我!"

所有的动物闻言都停止了嘲笑,开始反省起自己的生活。

这确实是一头幸福的猪!它不拿自己的短处和别人的长处比,不去推测、预支明天的不幸,安然地享受真实的每一天。即使必须死亡,它也能将死亡视作一种完美的告别,让别人对自己肃然起敬。

作为比猪聪明的人类,难道我们不能和这头可爱的猪一样,珍惜自己所拥有的,感谢上天所赐予我们的健康、平安、和睦的家庭、孝顺的子女吗?薪水虽低,只要不去购买奢侈品,我们还是可以度日;工作虽不显赫,

但是同仁和老板都算和气,办公环境轻松愉快;奖金虽然没有指望,但医院的健康检查报告显示自己身体一切无恙,而孩子们上学还能拿到前几名……所有的这些,难道不值得你默默地感谢吗?

想要告别不幸,任何人的帮助和安慰都是无效的。因为你的所有情绪都是由自己控制的,只有靠自己想通,并珍惜身边所拥有的,才能坦然地消化并接受所谓的不幸,让自己开怀起来。

杰出的企业家艾科卡在经营管理美国福特和克莱斯勒两大汽车公司的生涯中,创造出许多惊人的奇迹。他用卓越的管理和大刀阔斧的改革,将美国第三大汽车公司克莱斯勒从崩盘的边缘挽救回来。他在回忆录里提到了父亲对自己的影响。

艾科卡的父亲是一个典型的乐天派,无论遇到什么紧急情况,总会保持"先别急,等一等""太阳还会出来,它会照常出来的"的冷静态度。因为受到这种精神的影响,艾科卡在面对重大决策时总能让自己保持清醒的头脑,并且告诫自己:此刻看起来虽然困难,但是,即使是这种困难也会过去的!

今天的事情今天解决,即使今天暂时不能解决,也不代表明天、后天、大后天永远不能解决。提前把焦虑情绪带进生活,除了扰乱自己的思绪外毫无用处!

事实证明,一个能在危难时刻保持乐观情绪的人,一定拥有自信成熟的心智。而乐观的情绪和良好心智一旦协调配合,就能激发起奋发的精神,让自己从像乱麻一样的困境中走出来,有条理、有方法地进行改善,把结果控制在最好的程度。

英国著名的博物学家赫胥黎说:"没有哪一个聪明人会否定痛苦与忧愁的锻炼价值。"任何一种情绪都会给人带来不同的反应。但不管多么恶劣的状况即将逼近,每个人都要努力去发现潜伏的希望,以及自己的优势,坚信成功往往在最后一分钟来敲门。只有毫不松懈地进行对抗,那

些麻烦才会被一点点铲除消失。

美国医学专家做过这样一个实验，他们让失眠患者服用一种用水和糖加上某种颜色配制的粉状安慰剂。这种安慰剂本身并不具任何药效，但当患者相信医生介绍的药方，对该药持乐观态度，服用安慰剂以后，几乎90%的患者都感到病情大大减轻，有人甚至痊愈了。结果证明，乐观的态度对人体发挥了非常积极的暗示作用。

人的一生，总免不了要遭遇困难和失败，我们不能像那个雨天为卖阳伞的大儿子哭、艳阳天为卖雨伞的小儿子哭的老婆婆一样愚笨，而是应该雨天感谢小儿子有生意，艳阳天感谢大儿子有生意，充分认识自己面临的处境，理智地接受生活的安排和挫折。

不去预支明天的不幸，用乐观的情绪笑对一切，未来的路上才有阳光！

心灵悄悄话
XIN LING QIAO QIAO HUA >>>

显然，获得成就的要素，不限于才能和资质，我不得不相信另一个要素——心态。心态积极，能力便能发挥到极致，好的结果也随之前来。

收拳是为了更有力地出拳

几乎所有的对抗性运动里都有这么一种说法:收拳是为了更有力地出拳!

这是什么意思呢? 其实很简单,就是不要被繁复无穷的姿势变化所蒙蔽,也不要一味地追求外在的优势,要根据自身状态进行有效的收敛、调整和停顿,如此才能储存能量和最后一搏的冲力。

和运动场上的你争我夺一样,很多时候,由于惯性使然,习惯了舒适生活的人们很难接受环境的变化,面对裁员、物价飞涨、股市暴跌……人们被各种已经到来的或还没到来但很有可能即将到来的危机控制着情绪。除了沉默,就是抱怨。人们感到出头无望,对未来深感恐惧,即使回到家里,看到家人温暖的微笑,也无法得到任何愉悦。

世界是多元的,人是生来就要接受各种考验的生物。我们无可避免地必须去应对眼前的一切好,一切坏,以及一切正在由好变坏或由坏变好的复杂事情,即使贵为皇族显贵,也没有任何一个人能够逃避疼痛、伤害、摧毁甚至破灭!

怎么才能打破困境,让自己顺利渡过难关,成为一个对自己未来有掌控权的人呢?

就以动物界来说,当刺猬遇到劲敌时,它不会逞强地竖起毛刺,而是会蜷缩起身体躲避攻击;而壁虎、螃蟹等也有自己的招数,它们会自断肢体以吸引对手的注意,借机逃之夭夭……而美洲的负鼠更绝,面临危险的时候,它竟然会"不顾尊严"地躺在地上闭上双眼装死。

其实,无论是人,还是动物,在弱势的时候,如果主宰不了世界,那么

就不要去计较眼前的荣辱得失,而是应该机智地改变策略,巧妙地去应对突然的袭击,为困境解套。

犹太谚语说:如果断了一条腿,你就应该感谢上帝不曾折断你两条腿;如果断了两条腿,你就应该感谢上帝不曾折断你的脖子;如果断了脖子,那就没有什么好担忧的了。面对困境,从来都没有最好的方法,只有最适合自己的方法。

儿童魔幻故事《哈利·波特》所产生的巨大影响堪称世纪传奇,不过《哈利·波特》的作者——英国女作家J·K·罗琳本人的经历,其实比小说更神奇,更让人津津乐道。

十多年前,当从未写作过、每周靠70英镑救济金维持生计的单身母亲J·K·罗琳萌生创作的欲望,流连在爱丁堡咖啡馆利用小纸片书写哈利·波特的故事时,她不仅要面对自身写作经验的不足,还要面对实际的家庭困境,以及如何让图书正式出版等一系列难题。但是,这个倔强得可爱、满脑子充满了幻想和乐观的女人,还是认真地出发了。

经过整整5年辛苦写作,J·K·罗琳完成了第一部作品。为了实现出版的心愿,她开始投稿给各大出版社。然而,一年过去了,除了连续收到12家出版社的拒绝外,她几乎得不到任何肯定。

就在J·K·罗琳濒临绝望和痛苦的时候,英国布鲁斯伯瑞出版社给她首印500本、3000英镑稿酬的条件让她看到了一丝希望。几乎是毫不迟疑地,她就在出版合约上签字盖章。接着,她急切又沉稳地等待着命运的考验。

谁也没有料到,这样一个看起来并不乐观的开始,竟然缔造出当代文坛最大的神话和致富传奇。《哈利·波特》一出版,立即受到世界瞩目,好评如潮水般涌来,很快就让J·K·罗琳获得了英国国家图书奖儿童小说奖、斯马蒂图书金奖等重要奖项,将她推上了最显赫的位置,让童话变成了现实。

可以想象,要是J·K·罗琳在生活的打击下消极退缩,放弃自己的

梦想,那我们哪里还能看到这么精彩的魔法故事!当她在又冷又小的房间里思考魔法学校的教案时,谁又能说她不是在设计未来的人生道路呢?她让自己暂时沉默下来,将自己的拳头缩回收紧,难道不是在储存巨大的力量,以达到改变生活、控制生活的目标吗?

J·K·罗琳不抱怨,不愤怒,也不要无聊的同情和无意义的帮助,她依靠自己的努力成就了一个奇迹。这是魔法的胜利,也是人心永不屈服的胜利!

要知道,换作其他人,即使和J·K·罗琳一样有着许多美妙的故事和智慧,但他们总会在一些消极的暗示下,停止前进。

幸运的是,没有出拳的J·K·罗琳不是停止了前进,而是低调又执着地耕耘着。她的一点点坚持不仅升华了自己,也让她周围的环境都焕然一新。

当你发现自己近期出现反复无常的焦虑,对别人的成功充满了妒忌,或者整天都在想着能中大奖等等念头时,请立即起身去洗把脸,用理智泼醒大脑,或者找个乐观的朋友倾诉,及时将那些消极的想法摧毁,逐步恢复内心的平静,让勇气重新进入心房。

让自己在被迫沉默的时候低头潜行,一旦机会来临,就把能量和芳香彻底释放,迎接一个全新的世界!

心灵悄悄话
XIN LING QIAO QIAO HUA >>>

我们的心灵就像一座花园,你种菜豆,收获的就不会是马铃薯;你种一棵菜豆,就肯定不会只收获一颗菜豆。让自己在被迫沉默的时候低头潜行,一旦机会来临,就把能量和芳香彻底释放,迎接一个全新的世界!

第二篇 >>>

解放自己的心灵

　　勇于面对生活的种种磨难和悲剧,运用意志力,做出勇敢的样子,必能以勇气取代恐惧,并最终走出悲伤的阴影。在必要的时候,我们都能忍受灾难与悲剧,并且战胜它们。我们常以为自己做不到,其实我们内心拥有的强大力量远远超出我们的想象,只要懂得善加利用,就能帮助我们战胜一切忧虑和悲伤。因为,我们比自己想象的强壮得多。

　　人生如梦,梦如戏,笑看人生,古往今来多少事,一切尽在笑谈中。做到真正的内心平和,便充满了大爱和大智慧。人类真正的解放,就在于解放自己的内心。

让自己保持忙碌

让自己忙碌起来,你的血液就会开始循环,你的思想就会开始变得敏锐。让自己一直忙着,这是世界上最便宜的一种药,也是最好的一种。

我的成人教育班上有个叫马利安·道格拉斯的学生告诉我,他家里曾遭受过两次不幸。第一次,他失去了5岁的女儿,一个他非常钟爱的孩子。他和妻子都以为他们没有办法忍受这个打击。更不幸的是,"十月后,我们又有了另外一个女儿——而她仅仅活了五天。"

这接二连三的打击使人几乎无法承受,这位父亲告诉我们:"我睡不着,吃不下,无法休息或放松,精神受到致命的打击,信心丧失殆尽。吃安眠药和旅行都没有用。我的身体好像被夹在一把大钳子里,而这把钳子愈夹愈紧。"

"不过,感谢上帝,我还有一个4岁的儿子,他教给我们解决问题的方法。一天下午,我呆坐在那里为自己难过时,他问我'爸,你能不能给我造一条船'。我实在没兴趣,可这个小家伙很缠人,我只得依着他。

"造那条玩具船大约花费了我三个小时,等做好时我才发现,这三个小时是我许多天来第一次感到放松的时刻。

"这一发现使我大梦方醒,使我几个月来第一次有精神去思考。我明白了,如果你忙着做费脑筋的工作,你就很难再去忧虑了。对我来说,造船就把我的忧虑整个冲垮了,所以我决定使自己不断地忙碌。

"第二天晚上,我巡视了每个房间,把所有该做的事情列成一张单子。有好些小东西需要修理,比方说书架、楼梯、窗帘、门把、门锁、漏水的

龙头等。两个星期内,我列出了242件需要做的事情。

"从此,我使我的生活中充满了启发性的活动,每星期两个晚上我到纽约市参加成人教育班,并参加了小镇上的一些活动。现在任校董事会主席。还协助红十字会和其他机构的募捐,我现在忙得简直没有时间去忧虑。"

没有时间忧虑,这正是丘吉尔在战事紧张到每天要工作18个小时时说的。当别人问他是不是为那么重的责任而忧虑时,他说:"我太慢了,我没有时间忧虑。"

伟大的科学家巴斯特曾说:"在图书馆和实验室能找到平静。"因为在那里,人们都埋头工作,不会为自己担忧。做研究工作的人很少有精神崩溃的,因为他们没有时间来享受奢侈的忧虑。

著名诗人亨利·朗费罗的妻子不幸因烧伤而去世后,他几乎发疯。幸好他有三个幼小的孩子需要他照料。父兼母职,他带他们散步,给他们讲故事,和他们一起嬉戏,并把他们父子间的感情永存在《孩子们的时间》一诗里。他还翻译了但丁神曲。忙碌使他重新得到了思想的平静。班尼生在最好的朋友亚瑟·哈兰死的时候曾经说过:"我一定要让自己沉浸在工作里,否则我就会因绝望而烦恼。"

对大多数人来说,在做日常工作、忙得团团转的时候,"沉浸在工作中"大概不会有多大问题。可是,下班之后——就在我们能自由自在地享受悠闲和快乐的时候——忧虑的恶魔就会开始向我们进攻。这时候,我们常常开始想,我们的生活中有哪些成就,我们的工作有没有上轨,上司今天说的那句话是否有"特殊的含义",或者,我们的头发是否开始秃了……

詹姆斯·马竭尔是哥伦比亚师范学院的教育学教授,他在这方面说得很好:"忧虑最能伤害你的时候,不是在你有所行动的时候,而是在一

天的工作结束以后。这时你的想象力开始混乱,使你把每一个小错误都加以夸大。你的思想就像一辆没有装货的车子横冲直撞,撞毁一切,直至把自己也撞成碎片。消除忧虑的最好办法,就是让自己忙着干任何有意义的事情。"

　　纽约有一个企业家,他用忙碌来赶走那些"胡思乱想",使自己没有时间去烦恼和忧虑。他叫屈伯尔·郎曼,也是我成人教育班的学生。他征服忧虑的经历非常有意思,也非常特殊。所以,下课之后,我请他和我一起去吃夜宵,我们在一家餐厅中坐到深夜,谈着他的那些经历。下面就是他告诉我的一个故事:

　　"18年前,我因忧虑过度而患失眠症。当时我精神非常紧张,脾气暴躁,而且很不稳定,我觉得我快要精神分裂了。

　　"我如此忧虑是有原因的。我当时是纽约皇冠水果制品公司的财务经理。我们投资了50万美元,把草莓包装在一加仑装的罐子里。20年来,我们一直把这种一加仑装的草莓卖给制造冰激凌的厂商。后来有段时间,我们的销售量大跌。那些大的冰激凌制造商,像国家奶制品公司之类的,产量急剧增加。为了节省开支和时间、降低成本,他们都买36加仑一桶的桶装草莓。

　　"我们不仅无法销售50万美元的草莓,而且根据合同规定,在今后的一年之内,我们还必须继续购买价值100万美元的草莓。我们已经向银行借了35万美元,现在,既无法还清借债,也无法筹集到需要的款项,所以,我非常忧虑。

　　"我赶到我们在加利福尼亚州华生维里的工厂,想要让我们的总经理知道情况有所改变,我们可能面临毁灭的命运。但他不肯相信,却把这些问题的全部责任都归罪于纽约的公司——那些可怜的业务人员身上。

　　"经过几天的请求之后,我终于说服他不再按旧的方式包装草莓,而把新的制品放到旧金山的新鲜草莓市场上卖。这样做才能大致解决我们大部分问题。按说我不该再忧虑了,可是,我仍然无法做到这一点。忧虑

是一种习惯,而我已染上了这种习惯。

"回到纽约之后,我又开始为每一件事担忧。对在意大利购买的樱桃、在夏威夷购买的凤梨等,我都非常紧张不安,睡不着觉。就像我刚刚说过的那样,我简直就快要精神崩溃了。

"在绝望中,我换了一种崭新的生活方式,从而治好了我的失眠症,也使我不再忧虑。我尽量使自己忙碌,忙到我必须付出所有的精力和时间。以致没有时间去忧虑。过去,我每天工作7个小时,现在我开始每天工作15到16个小时。我每天清晨8点钟就到办公室。一直待到半夜。我承担新的任务,负起新的责任。等我半夜回到家的时候,总是筋疲力尽地倒在床上,很快便进入梦乡。

"这样过了差不多有三个月,我终于改掉忧虑的习惯,又重新回到每天工作7到8个小时的正常情形。这件事情发生在18年前,从那以后,我就没有再失眠和忧虑过。"

萧伯纳说得好:"让人愁苦的秘诀就是,有空闲时间来想想自己到底快活不快活。"所以不必去想它。让自己忙碌起来,你的血液就会开始循环,你的思想就会开始变得敏锐。让自己一直忙着,这是世界上最便宜的一种药,也是最好的一种。

心灵悄悄话
XIN LING QIAO QIAO HUA >>>

我们不忙的时候,头脑里常常会成为真空。这时,忧虑、恐惧、憎恨、忌妒和羡慕等情绪就会填充进来,进而把我们思想中平静的、快乐的成分都赶出去。

用概率法排除忧虑

卡耐基说:我们所担心的事,有99%都不会发生,而对永远不会发生的事情凭空操心是很悲哀的。当我们怕被闪电打死、怕坐火车翻车时,想一想发生的概率,会把我们笑死。

卡耐基小的时候,心中充满了忧虑。我担心会被活埋,我怕被闪电击死,还怕死后会进地狱。我怕一个叫詹姆怀特的大男孩会割下我的耳朵——像他威胁过我的那样,我怕女孩子在我脱帽向他们鞠躬时会取笑我,我怕将来没有一个女孩子肯嫁给我……我常常花几个小时在想这些"惊天动地"的大问题。

日子一年年过去了,卡耐基发现他所担心的事情中,有99%根本就不会发生。他知道,无论哪一年,他被闪电击中的机会,都只有三十五万分之一。而活埋,即使是在发明木乃伊以前的日子里——一千万个人里可能只有一个人被活埋。

每8个人里就有一个人可能死于癌症。如果一定要发愁的话,也应该为得癌症发愁,而不该去发愁被闪电击死或遭到活埋。

事实上,我们很多成年人的忧虑也同样的荒谬。如果我们根据概率评估一下我们的忧虑究竟值得不值得,我们十分之九的忧虑就会自然消除了。

全世界最有名的保险公司伦敦罗艾德保险公司就是靠人们的这种对发生率极低又足以令人担心的心理取得成功的。它是在和一般人打赌,

不过被称之为保险而已。实际上，这是以概率为根据的一种赌博。这家大保险公司已经有 200 年的良好历史了，除非人的本性会有所改变，它至少还可以继续维持 5000 年。而它只是将你保鞋子的险、保船的险，利用概率来向你保证那些灾祸发生的情况，并不像一般人想象的那么常见。如果我们查查概率，就常常会因我们所发现的事实而惊讶。

沙林吉夫人是一个很平静、很沉着的妇女，给我的印象是，她从来没有忧虑过。一天晚上，有人问她是不是曾因忧虑而烦恼过。"烦恼?"她说:"我的生活都差点被忧虑毁掉。在我学会征服忧虑之前，我在自作自受的苦海中生活了整整 11 年。那时我脾气不好，很急躁，生活在非常紧张的情绪之下。买东西时我都会发愁——也许房子烧了，也许佣人跑了，也许孩子们被汽车撞死了……我常因发愁弄得冷汗直冒，冲出商店，跑回家去，看看一切是否都好，难怪我的第一次婚姻没有好结果。

"我第二个丈夫是一个律师，很文静，有分析能力，从不为任何事情忧虑。每当我紧张或焦虑的时候，他就对我说'不要慌，让我好好地想一想……你真正担心的到底是什么呢? 我们分析一下概率，看这种事情是不是有发生的可能'。

"记得有一年夏天，我们到落基山区露营。一天晚上，我们把帐篷扎在海拔 7000 英尺的地带，突然遇到了暴风雨。帐篷在大风中抖着、摇晃着，发出尖厉的叫声。我每分钟都想帐篷要被吹垮了，要飞到天上去了。当时我真被吓坏了，可我丈夫不停地说'亲爱的，我们有几个印第安向导，他们对这儿了如指掌，他们说在山里扎营已有六七十年了，从没发生过帐篷被吹跑的事。根据概率，今晚也不会吹跑帐篷。即使真吹跑了，我们也可以躲到别的帐篷里去，所以你不用紧张'。我放松了精神，结果那一夜睡得很安稳。而且什么事也没发生……'根据概率，这种事情不会发生'，这句话摧毁了我 90% 的忧虑，使我过去这 20 多年的生活过得十分美好而平静。"

乔治·库克将军曾说过："几乎所有的忧虑和哀伤，都是来自人们的想象而并非来自现实。"

美国海军也常用概率所统计的数字来鼓励士气。曾当过海军的克莱德·马斯讲过这样一个故事：当他和他船上的伙伴被派到一艘油船上的时候，他们都吓坏了。这艘油轮运的都是高单位汽油。他们认为，如果油轮被鱼雷击中，他们必死无疑。可是，海军立即发出了一些正确的统计数字，指出被鱼雷击中的 100 艘油轮里，有 60% 艘没有沉到海中。而沉下海的 40 艘里，也只有 5 艘是在不到 5 分钟的时间沉没的。"知道了这些数字之后，船上的人都感觉好多了，我们知道我们有的是机会跳下船。根据概率看，我们不会死在这里。"

心灵悄悄话
XIN LING QIAO QIAO HUA >>>

忙碌可以赶走无聊、空虚、无奈、忧虑，甚至痛苦。因此当我们心情不好或者焦虑不安时，最好让自己保持忙碌的状态。

不要让琐事的烦恼摧毁你的幸福

我们都像森林中那棵身经百战的大树，我们也经历过生命中无数狂风暴雨和闪电的袭击，也都撑过来了，可是却让忧虑的小甲虫咬噬——那些用大拇指和食指就可以捏死的小甲虫。

人活在世上只有短短几十年，却浪费了很多时间，去为一些一年之内就会忘了的小事发愁。

给你讲一个最富戏剧性的故事，主人公叫罗勃·魔尔。

"1945年3月，我在中南半岛附近276英尺深的海下，学到了一生中最重要的一课。当时，我正在一艘潜水艇上。我们从雷达上发现一支日军舰队——一艘驱逐护航舰、一艘油轮和一艘布雷舰——朝我们这边开来。我们发射了三枚鱼雷，都没有击中。突然，那艘布雷舰直朝我们开来。（一架日本飞机，把我们的位置用无线电通知了它。）我们潜到150英尺深的地方，以免被它侦察到，同时做好应付深水炸弹的准备，还关闭了整个冷却系统和所有的发电机器。"

"三分钟后，天崩地裂。六枚深水炸弹在四周炸开。把我们直压海底——276英尺的地方。深水炸弹不停地投下，整整15个小时，有十几二十个就在离我们五十英尺左右的地方爆炸。若深水炸弹距离潜水艇不到17英尺的话，潜艇就会炸出一个洞来。当时，我们奉命静躺在自己的床上，保持镇定。我吓得无法呼吸，不停地对自己说'这下死定了'。潜水艇的温度几乎达到了100度，可我却怕得全身发冷，一阵阵冒冷汗。15个小时后攻击停止了，显然那艘布雷舰用光了所有的炸弹后开走了。这

15个小时，在我感觉好像有1500万年。我过去的生活——在眼前出现，我记起了做过的所有的坏事和曾经担心过的一些很无聊的小事。我曾担忧过，没有钱买自己的房子，没有钱买车，没有钱给妻子买好衣服。下班回家，常常和妻子为一点芝麻事吵架。我还为我额头上一个小疤——一次车祸留下的伤痕——发过愁。

"多年之前，那些令人发愁的事，在深水炸弹威胁生命时，显得那么荒谬、渺小。我对自己发誓，如果我还有机会再看到太阳和星星的话，我永远不会再忧愁了。我在这15个小时里学到的，比我在大学念四年书学到的还要多得多。"

我们一般都能很勇敢地面对生活中那些大的危机，却常常被一些小事搞得垂头丧气。拜德先生也发觉了这一点。他手下的人能够毫无怨言地从事危险而又艰苦的工作，"可是，我却知道，有好几个同房间的人彼此不说话，因为怀疑别人把东西放乱，占了自己的地方。有一个讲究空腹进食细嚼健康法的家伙，每口食物都要嚼28次。而另一人一定要找一个看不见这家伙的位子，才吃得下去饭。"

芝加哥的约瑟夫·沙巴士法官，在仲裁过四万多件不愉快的婚姻案件之后说道："婚姻生活之所以不美满，最基本的原因往往都是一些小事。"

罗斯福夫人刚结婚时每天都在担心，因为她的新厨师饭做得很差。可是如果事情发生在现在，她就会耸耸肩膀把这事给忘了。好极了，这才是一个成年人的做法。就连最专制的凯瑟琳女皇，对厨师做坏了饭，也只是付之一笑。

一次，我们到芝加哥一个朋友家吃饭，分菜时他有些小事没有做好。大家都没在意，可是他妻子却马上当着大家的面就跳起来指责他："约翰，你怎么搞的！难道你就永远也学不会分菜吗？"她又对大家说："老是一错再错，一点也不用心。"也许他确实没有做好，可我真佩服他能和他

的妻子相处20年之久。说心里话，我宁愿只吃一两个抹上芥末的热狗——只要能吃得舒服——也不愿意一边听她啰唆，一边吃北京烤鸭。

不久，我和妻子邀请了几个朋友来吃晚餐。客人快到时，妻子发现有三条餐巾和桌布颜色不配。她后来告诉我，"我发现另外三条餐巾送去洗了。客人已到门口，我急得差点哭了出来。我埋怨为什么会有这么愚蠢的错误让它毁了我整个一晚上？我突然想到，为什么要毁了我呢？我走进去吃晚饭，决心享用一番。我情愿让朋友们认为我是一个比较懒散的家庭主妇，也不愿意他们认为我是一个神经质的脾气不好的女人。而且，据我所知，根本没有一个人注意到那些餐巾。"

大家都知道："法律不会去管那些小事。"人也不应该为这些小事忧愁。

实际上，要想克服一些小事引起的烦恼，只要把看法和重点转移一下就可以了。这会让你有一个新的、开心点的看法。我的朋友作家荷马·克罗伊告诉我，过去他在写作的时候，常常被纽约公寓热水灯的响声吵得快要发疯了。"后来，有一次我和几个朋友出去露营，当我听到木柴烧得很旺时的响声，我突然想到，这些声音和热水灯的响声一样，为什么我会喜欢这个声音而讨厌那个声音呢，回来后我告诫自己，火堆里木头的爆裂声很好听，和热水灯的声音也差不多。我完全可以蒙头大睡，不去理会这些噪声。结果，头几天我还注意它的声音，可不久我就完全忘记了它。"

很多小忧虑也是如此。我们不喜欢一些小事，结果弄得整个人很沮丧。其实，我们都夸张了那些小事的重要性。

我们常常被一点小事，一些本该不屑一顾的小事，弄得心烦意乱……我们生活在这个世界上只有短短的几十年，而我们浪费了很多不可能再补回来的时间，去为那些一年之内就会忘掉的小事发愁。我们应该把我们的生活只用于值得做的行动和感觉上，去想伟大的思想，去体会真正的感情，去做必须做的事情。因为生命太短促了，不该再顾及那些小事。

名人吉布林和他舅舅打了维尔蒙有史以来最有名的一场官司。吉布林娶了一个维尔蒙的女子,在布拉陀布造了一所漂亮房子,准备在那儿安度余生。他的舅舅比提·巴里斯特成了他最好的朋友。他们俩一起工作,一起游戏。

后来,吉布林从巴里斯特手里买了一点地,事先商量好巴里斯特可以每季度在那块地上割草。一天,巴里斯特发现布吉林在那片草地上开了一个花园,他生起气来,暴跳如雷。吉布林也反唇相讥,弄得维尔蒙绿山上的天都黑了。

几天后,吉布林骑自行车出去玩时,被巴里斯特的马撞在地上。这位曾经写过"众人皆醉,你应独醒"的人也昏了头,告了官。巴里斯特被抓了起来。接下去是一场很热闹的官司,结果使吉布林携妻永远离开了美国的家。而这一切,只不过为了一件很小的事——一车干草。

哈瑞·爱默生·富斯狄克讲过这样一个故事:"在科罗拉多州长山的山坡上,躺着一棵大树的残躯。自然学家告诉我们,它曾经有过 400 多年的历史。在它漫长的生命里,曾被闪电击中过 14 次、无数次狂风暴雨侵袭过它,它都能战胜它们。但在最后,一小队甲虫的攻击使它永远倒在地上。那些甲虫从根部向里咬,渐渐伤了树的元气。虽然它们很小,却是持续不断地攻击。这样一棵大树,岁月不曾使它枯萎,闪电不曾将它击倒,狂风暴雨不曾将它动摇,却因一小队用大拇指和食指就能捏死的小甲虫,终于倒了下来。"

心灵悄悄话
XIN LING QIAO QIAO HUA >>>

令我们烦心的都是些鸡毛蒜皮的小事。我们躲得了一头大象,可是却躲不了一只苍蝇。让我们不再让一个小小的蚂蚁影响我们简单的快乐。

宽容会让你多一些快乐

如果你不肯原谅别人的过错，就是不给自己留余地，因为每一个人都有犯错而需要别人原谅的时候。

我们在辛苦忙碌的时候，由于体力消耗大，身心疲惫，会对很多事情和很多人没有耐心，如果稍微再遇到一点疙瘩，就很容易心生怨恨，甚至出现责备别人的状况。

在我们身边，如果这个挑剔苛刻的人是一个成功人士，迫于现实因素，众人会主动适应他的坏脾气；但如果这个人是一个失意者，是一个本来就在底层的弱者，众人就会丢掉迎合的假面具，毫不掩饰对他的排斥，拒绝与他交往，甚至否定他正确的意见。

也就是说，如果一个人本来就不顺利了，还要固守自己的挑剔和苛刻，忽视别人的优点和长处，有意无意地为自己制造出各种障碍，那么他除了惹上双倍的烦恼外，还会快速失去别人的信任，及那些虽然看不到却随时都在出现的机会，这是一个多么糟糕的结果啊！

佛经里说，当世间谤我，贱我，欺我，辱我，笑我，轻我，恶我，骗我，我们应该怎么办？答案很简单：忍他，让他，避他，耐他，敬他，不要理他，再待几年，你且看他。

越是不顺心的时候，越要克制情绪。

即使再辛苦、再忙碌、再无能为力，也一定要保持乐观宽容的态度，不要去计较别人微小的过失和无心的伤害，不乱发脾气，不把自己的坏心情到处泼洒，而是要认真营造一个利于沟通的良好空间。

乐观开朗的人就像寒夜的暖盆，即使再简陋，也会吸引人们的驻足。

法国作曲家佛瑞说:"如果你不肯原谅别人的过错,就是不给自己留余地,因为每一个人都有犯错而需要别人原谅的时候。"如果我们总是沉浸在怨恨的心态里,不能宽容对待一些正常的纷争,那我们的心灵就会被锁在郁闷、沮丧、仇恨里,让本来就不平静的生活走进死角。

很多时候,矛盾和争吵与人的地位、财富完全无关。就像马路上一辆名车不慎撞到了路人,这个时候我们首先应该看路人是否受伤、伤势如何、怎么合理解决,不是一开始就主观臆断开车的人会仗势欺人而厉声斥责他,更不要心存芥蒂地对人大吼大叫,听不进任何建议,视对方为不共戴天的仇人。

面对麻烦和困惑,就事论事是理智的做法。先入为主的偏见只会让一个简单的问题复杂化,让伤害扩大。

清朝时,宰相张廷玉与一位姓叶的侍郎都是安徽桐城人,两家的主屋仅一墙之隔,算是世代的友邻。某年,两家都准备改造旧居重修大宅。可是在临界的地皮究竟属于谁的问题上,双方都不肯退让半步,于是两家发生了极大的争执。

宰相的母亲张老夫人很恼怒,认为自己明明有理却得不到尊重,于是她连夜修书送到北京,要儿子出面干涉。宰相接到信后,没有贸然地去找同僚理论,而是挥笔作下一首诗,用来劝导自己的母亲。这首诗的内容如下:千里家书只为墙,再让三尺又何妨?万里长城今犹在,不见当年秦始皇。他的意思很明确,就是让家人不要再为此事争吵,就算牺牲一点利益也无妨。

张老夫人收到信时,刚一开始觉得儿子很软弱,再三品味诗文后她逐渐冷静下来,也认为如此伤了两家的和气实在不值,马上吩咐工人把墙主动退后三尺。叶家本以为张家会激烈反对,却没有料到他们如此宽容,深思之后也感到非常惭愧,急忙把墙也让后三尺。就这样,张、叶两家的院墙之间便形成了六尺宽的巷道,成了当地著名的六尺巷。

宰相张廷玉是一个聪明人,要是他咄咄逼人地站出来和叶家理论,以他的权势,相信取胜的把握应该很大。但是,如此劳师动众只为了把宅院的面积扩大那么一点点,很可能给人留下锱铢必较、心胸狭窄的印象,这是为官、为人者都不齿的行为。所幸张廷玉是一个目光远大的人,不会在这种小事上苛刻挑剔,更不会为此浪费精力和时间。最后,他只失去了一点点的土地,但换来了朝邦安宁和家居和睦,还有流传百世的芳名,真是一举三得,张廷玉此举让他成为这场纷争的真正大赢家!

英国作家塞门斯说:"对别人仁慈永远不会徒劳。即使受者无动于衷,至少施者可以获益。"表面的吃亏,有时候真的是福。

也许有人会说,宰相张廷玉家大地多,退让一点肯定无所谓。要是换了境况窘迫的人,为得到一个虚无的宽容却要舍弃辛苦所得,这样做有意义吗? 其实,宽容并不是生活顺利的人的专利,生活艰苦的人也能做到。

在美国唐人街的一个市场里,聚集着来自各个国家的摊位。有一个中国女人特别勤快,她做的饺子味道鲜美,营养丰富,所以生意特别好。但树大招风,中国女人摊前的热闹引发了别人的嫉妒,一些人就故意把垃圾扫到她的店门口。但这个中国女人很聪明,没有怒气冲冲地跑去查找元凶,而是不动声色地把垃圾清理干净,并且一直保持淳朴自然的笑容,好像一点也不生气。

旁边卖菜的墨西哥女人很纳闷,忍不住问:"那些人要是这么欺负我,我一定把垃圾倒在他的头上! 你怎么这么懦弱啊,吃亏也不知道还击!"中国女人笑了起来,认真地说:"在中国,每年除夕的时候,我们都要把垃圾留在家里不往外倒,垃圾越多就代表第二年会赚很多的钱。这叫留住财富。现在每天都有人主动送钱到我这里,我怎么能拒绝接受呢? 你瞧,我的生意不是越来越好吗?"

从那以后,那些垃圾就奇迹般地消失了。而中国女人的朋友也更多了,包括那些原来仇视她的商业对手。他们都说,这位中国女人是一个善良的好女人,值得交往。

　　这是一个睿智宽容的女人，她懂得在一个充满竞争和怨恨的环境里播撒宽容友善的种子，放下自己的自尊心，主动与人为善，与大家和平共处。

心灵悄悄话
XIN LING QIAO QIAO HUA >>>

　　如果没有宽恕之心，生命会被无休止的仇恨和报复所支配。选择了宽容，其实就赢得了朋友，也就选择了快乐。

学会接受无法改变的现实

对必然发生的事轻快地接受。就像杨柳承受风雨、水适应一切容器一样，我们也要承受一切不可逆转的事实。

乐于接受不可改变的事实，是战胜随之而来任何不幸的第一步。

卡耐基小时候，有一天和几个朋友在一间荒废的老木屋的阁楼上玩。在从阁楼往下跳的时候，卡耐基左手食指上的戒指钩住了一根钉子，把他整根手指拉掉了。当时卡耐基疼死了，也吓坏了。等手好了以后，卡耐基没有烦恼，接受了这个本可避免的事实。

现在，卡耐基几乎根本就不会去想，他的左手只有四个手指头。我常常想起刻在荷兰首都阿姆斯特丹一间15世纪教堂废墟上的一行字："事情是这样，就不会是别的样子。"

在漫长的岁月中，你我一定会碰到一些令人不快的情况，它们既是这样，就不可能是别样，我们也可以有所选择。我们可以把它们当作一种不可避免的情况加以接受，并适应它；或者，我们让忧虑毁掉我们的生活。

下面是我喜欢的哲学家威廉·詹姆斯所给的忠告："要乐于承认事情就是如此。能够接受发生的事实，就是能克服随之而来的任何不幸的第一步。"

已故的乔治五世，在他白金汉宫的房里挂着下面这几句话："教我不要为月亮哭泣，也不要因事后悔。"叔本华也说："能够顺从，就是你在踏上人生旅途中最重要的一件事。"

显然,环境本身并不能使我们快乐或不快乐,而我们对周围环境的反应才能决定我们的感觉。

必要时,我们都能忍受灾难和悲剧,甚至战胜它们。我们内在的力量坚强得惊人,只要我们肯加以利用,它就能帮助我们克服一切。

已故的布斯·塔金顿总是说:"人生的任何事情,我都能忍受,只除了一样,就是瞎眼。那是我永远也无法忍受的。"

然而,在他六十多岁的时候,他的视力减退,一只眼几乎全瞎了,另一只眼也快瞎了。他最害怕的事终于发生了。

塔金顿对此有什么反应呢?他自己也没想到他还能觉得非常开心,甚至还能运用他的幽默感。当那些最大的黑斑从他眼前晃过时,他却说:"嘿,又是老黑斑爷爷来了,不知道今天这么好的天气,它要到哪里去?"

塔金顿完全失明后,他说:"我发现我能承受我视力的丧失,就像一个人能承受别的事情一样。要是我五个感官全丧失了,我也知道我还能继续生活在我的思想里。"

为了恢复视力,塔金顿在一年之内做了 12 次手术,为他动手术的就是当地的眼科医生。他知道他无法逃避,所以唯一能减轻他受苦的办法就是爽爽快快地去接受它。他拒绝住在单人病房,而住进大病房,和其他病人在一起。他努力让大家开心。动手术时他尽力让自己去想他是多么幸运,"多好呀,现代科技的发展,已经能够为像人眼这么纤细的东西做手术了。"

一般人如果要忍受 12 次以上的手术和不见天日的生活,恐怕都会变成神经病了。可是这件事教会塔金顿如何忍受,这件事使他了解,生命所能带给他的,没有一样是他所不能忍受的。

我们不可能改变那些不可避免的事实,可是我们可以改变自己。

碰到任何挫折都低声下气,那样就成为宿命论者了。不论在哪种情况下,只要还有一点挽救的机会,我们就要奋斗。可是当常识告诉我们,

事情是不可避免的，也不可能再有任何转机，那么，为了保持理智，我们就不要"左顾右盼，无事自忧"。

创办了遍布全美国连锁商店的潘尼说："哪怕我所有的钱都赔光了，我也不会忧虑，因为我看不出忧虑可以让我得到什么。我尽可能把工作做好，至于结果就要看老天爷了。"

亨利·福特也说："碰到没法处理的事情，我就让他们自己解决。"

如果我们不吸取这些，而去反抗生命中所遇到的挫折的话，我们就会产生一连串内在的矛盾，我们就会忧虑、紧张、急躁而神经质。

"对必然的事，姑且轻快地接受。"这是公元前 399 年的一句话。但在这个充满忧虑的世界，今天比以往更需要这句话。

心灵悄悄话
XIN LING QIAO QIAO HUA >>>

为你的忧虑定个"止损点"，决定这件事值得付出多少忧虑，然后就不再付出了。不要忧虑超出我们能力的事，这是追求快乐的不二法宝。

学会喜欢自己

布兰敦讲得很对,要想活得健康、成熟,"喜欢你自己"是必要条件之一。但这是表示"充满私欲"的自我满足吗? 不是的。这应该是意味着"自我接受"——一种清醒的、实际的自我接受,并伴以自重和人性的尊严。不喜欢自己的人,表现在外的症状之一便是过度自我挑剔。

史迈利·布兰敦医师在一本书中写道:"适当程度的'自爱'对每一个正常人来说,是很健康的表现。为了从事工作或达到某种目标,适度关心自己是绝对必要的。"

喜欢自己是否会像喜欢别人一样重要呢? 我们可以这么说,憎恨每件事或每个人的人,只是显示出他们的沮丧和自我厌恶。

今日,全美国医院里的病床,有半数以上是被情绪或精神出了问题的人所占据。据报道,这些病人都不喜欢自己,都不能与自己和谐地相处下去。

人应该调整自己去适应环境,然而却很少有人有勇气特立独行或直面真实的处境。我们在行动之前就被社会文化和经济观念限制住了。从吃饭、穿着到生活方式和观念,我们和邻居如此相似。一旦我们某个不一样的行为与这种环境相异时,我们就会变得精神紧张或神经过敏,甚至于厌恶自己。

一个人应该明白人只能按照自己的性格而不能按照别人的性格来行事。

人要做的第一件事就是不能用别人的标准来权衡自己。人必须明确自己的价值观,然后自信地生活,并且善于和自己相处,消除厌恶自己的

情绪。

夸大自己错误的程度和范围是讨厌自己的人经常做的事情之一，适当的自我批评是好事，有利于一个人的成长。但是演变为一种强迫性的观念时，就会使我们变得瘫痪，不能聚集力量做积极正面的事。

我班上有一位学员，他在班上说："我总是感到胆怯和自卑。别人好像都很沉着、自信。我一想到自己的缺点就感到泄气，于是就无法自如地说话了。"

每个人都有自己的缺点，但问题的关键不在于你的缺点，而在于你有多少优点。

决定一件艺术品和一个人的最终因素不是缺点。莎士比亚的作品中充满了历史和地理的基本常识的错误，狄更斯则尽力在小说中渲染伤感的气氛。但是谁会计较呢？缺点并不妨碍他们成为一流的文学大师，因为优点才是最终的决定因素。我们在交朋友的时候也会感到对方缺点的存在，但是我们喜欢和他们交往是因为我们喜欢他们身上的优点。

自我完善的实现依赖于对优点的发挥，取长补短，而不是整天惦记着自己的缺点。

要学会喜欢和接受自己，首先必须挖掘自己对缺点的包容之心。包容不代表我们要降低对自己的要求，然后躺在床上睡大觉，而是明白人无完人。对别人求全责备是不公平的，要求自己完美则是一种极端的自我本位。

我认识的一个女人是个绝对的完美主义者。她要求自己做什么事情都没有疏漏。但在别人眼里，她是个失败的人。一个简单的报告她需要折腾几个小时，耽误了自己和别人的时间；一篇主题演讲她什么都要涉及和讲解，结果让听众百无聊赖；她绝不接待临时到访的客人，因为她没有任何准备。她绞尽脑汁追求完美，事实上，她的确做到了一种形式意义上的完美，但直接的代价是毁掉了生活中的理解、自然和乐趣。其实，她所追求的完美并非完美本身，她是想超越别人，因为她不想自己在优点方面

和别人处在同一水平线上。她想成为人群的焦点,所以她做事并不是出于发挥自己已有的才能。她并不能享受工作和生活的欢乐,只是为了超过别人,让自己在高高的完美的架子上昂起头。

人没有完美的,强迫性的对完美的追求一旦不成功,这个人就会变得讨厌,甚至憎恨自己。

人不能时时刻刻都处在特别认真的状态中,学着喜欢自己的前提之一,就是能偶尔放慢行进的脚步欣赏自己。

独处能使我们发现内在的休息港口,能有参详的对象,是我们与外界接触的基础。独处能使我们更客观地透视自己的生命。独处的确对我们的灵魂十分有益处,就好像新鲜空气对我们的身体极有帮助一样。

假如我们要依赖别人才能得到快乐与满足,则无疑为他人增添负担,并影响到彼此之间的关系。要喜欢、尊重、欣赏我们自己,这不但能培养出健康成熟的个性,也能增进与他人相处的能力。

心灵悄悄话
XIN LING QIAO QIAO HUA >>>

成熟的人会适度地忍耐自己的缺点,正如他适度地忍耐别人一样。他不会因自己的一些弱点而感到活得很痛苦。

快乐源于感恩

我们周围的人形形色色,有的富有,有的贫穷,有的中庸……然而,不管哪一种人,好像都有充足的理由抱怨时机不好。有钱人会觉得治安差,安全没有保障,找不到真诚的朋友;穷人则会抱怨找工作处处碰壁,物价飞涨,没有发财的机会;而那些看起来不错的中间阶层,则会有更多难以想象的抱怨,不想做剩女又拉不下面子相亲,一年的积蓄是旅游呢还是还房贷呢……

每个人的抱怨都是肺腑之言,都是真实的不满,包含着发自内心的希望和要求。那么,是不是让一个人彻底地实现心愿,他就能享受到真正快乐的感觉呢?是不是有了钱、有了权、有了感情,一个人的生活就十全十美再也没有抱怨了呢?

答案很明显,NO!

稳定富足的经济生活和精神生活,是让人进入快乐境界的基础条件之一,但不是绝对的条件!

如果一个人只顾满足自己的各种欲望,那么那些暂时得到的幸福很快就会在更多诱惑前失去价值,他依然会感到空虚,需要攫取更多的东西来填补自己。这种贪心的人只会越来越累,越来越沉浸在各种虚荣的炫耀与比较中。

怎样才能避免这种贪得无厌的心态呢?怎样才能在既有的现实生活中体会简单真实的快乐呢,方法只有一个,随时记得感恩!

有句话说得好,有时我们需要提醒自己,心怀感激实在是一种美德。感恩,就是暂时忘记自己的付出,真心感谢为你的生活提供帮助和友爱的

人和事,除了家人、朋友、同事、老板,还有可能是你的对手和敌人,因为他们能激励你的斗志!

感恩是一种很美好的情绪,它能自动化解我们内心的邪怨,让一个人从孤立渺小的自我中脱离出来,积聚更多的信心和勇气。因此,别以为事业顺利、身体健康、家人和睦、财源茂盛时才需要感恩,相反,当我们遭受挫折时更需要感恩。

寒冷的夜晚,两个落魄的人偶然相遇,他们同时得到一个好心人留下的一碗冷面。

甲一边吃一边叹息,"看,这就是我们的生活,永远都只能吃别人剩下的廉价食物!一想起这些不公,我就一肚子怒火!"

乙却一边吃一边微笑说:"感谢上帝,让我们能在最艰难的时候得到帮助!我可以睡一个好觉,明天出去试试运气!"

第二天,乙果然精神抖擞地出去找工作了。很幸运地,他得到一个勉强糊口的工作。而甲呢,因为吃了那碗伤心的面,导致他睡眠不足,所以没有同行。

多年过去,当两个人再次相遇,甲的生活依然没有任何改善,还是那么多抱怨和唠叨。乙却焕然一新,重新回到正常的生活轨道,拥有了自己的事业和家庭。

同样的境遇,有的人看到了悲伤和轻蔑,有的人却看到了希望和关怀。而不同的感受,对人的刺激也是迥异的。心存感激的人面对一个微小的帮助,就能够萌发再次出发的动力,而心存不满和抱怨的人,面对有形或隐形的帮助,可能还是会不由自主地放弃,甚至变本加厉地痛恨自己的不幸。

人生的困难不是靠抱怨就可以消除的,而人生的希望却是在感恩中一点点出现的。所以,我们要多感恩少抱怨,因为一个失去感恩之心的人往往容易陷入自己的偏执中,无法解脱。

尼罗是古罗马帝国的皇帝,也是一个最神秘、争议最多的皇帝。如果说一个人幸运地获得巨大的财富和臣民热爱就应该心存感恩的话,那么尼罗的作为则恰恰相反。

关于尼罗的传闻很多,包括他继承了靠母亲帮助夺来的皇位,然后在政变后杀掉了她;曾一把火烧掉罗马的 12 个街区,导致上千人葬身火海……尼罗对世界充满了莫名的厌恶,总是设法制造纷乱,使得全国上下怨声载道,成为历史上暴君的代表。

在尼罗的眼里,只有权力和财富,除此之外根本没有可以感谢的人。因为不需要感谢,所以他无所畏惧。他放纵自己一次又一次做出荒唐的行径。最后,尼罗也因为做太多坏事而被迫自杀,不得善终。

人心就像永远都无法填满的坑洞,不懂得感恩的人,即使给他一个世界,他仍会在痛苦中挣扎。

而感恩带给我们的却是另外一种崭新的情感体验!因为感恩,我们尊重生活给予的等待和痛苦;因为感恩,我们怜悯身边每一个需要帮助的人;因为感恩,我们也能坦然接受别人的馈赠和支持;因为感恩,我们有了积极乐观的态度,懂得如何与人分享幸福,分担痛苦。

华莉丝·迪里是一个出生于索马里沙漠牧民部落的美丽女孩,当她勇敢地走出大沙漠,在美国找到自己的事业并实现梦想后,她并没有陶醉于财富和荣誉带来的巨大愉悦,而是回头观望那些曾经和她一样挣扎于传统与现代的女人,希望可以帮助她们免除割礼这种旧习俗的伤害。

为了实现愿望,她不仅把自己曾遭受割礼的痛苦公之诸于世,还把她多年来赚的钱和社会的募捐用于公益事业,设立了沙漠曙光基金会,并在索马里建立了一所学校和一家医院,为广大女性提供有效的支持。

华莉丝·迪里是一个善良的女人,她在自己获得幸福的同时,也不忘感恩回报。这样的作为,也让她在众多璀璨的明星中显得格外高贵耀眼,

就像她的名字"华莉丝"（意即沙漠之花）一样。她向世人充分展现了沙漠之花的坚韧和顽强，而她的名字也将永远镌刻在人们的心里。

感恩让我们在每个时刻都能看到自己的幸运，然后把这份幸运传播出去，吸引更多的好运。

看看那些与自己一样有权得到幸福快乐却依然在困苦中挣扎的人吧，懂得感恩，你才能从生命中体会到满足。

当你很辛苦、很疲惫的时候，感恩会是一杯温醇的绿茶，让你恢复平静和快乐！

心灵悄悄话
XIN LING QIAO QIAO HUA >>>

蜜蜂从花中啜蜜，离开时嘤嘤地道谢。浮夸的蝴蝶却相信花是应该向它道谢的。有时我们需要提醒自己，心怀感激实在是一种美德。

走出失败的阴影

正常情况下，只要你能善用自己的智慧与能力，你就能战胜失败和打击。

然而，有些失败和打击来得很突然，或者很频繁，让人因应付不及而感到分外沮丧，总觉得自己出了大问题，再怎么努力也无法改变颓势。

这种陷入失败的无力感，虽然可以得到大家的理解和同情，但是，如果一个人不积极地想办法从这个阴影里走出来，让这种无力感放肆地攻陷他的情绪，那么他的生活就会变得粗糙，烦躁，无法安宁。

在所有的对抗中，不是你克制了恐惧和痛苦，就是恐惧和痛苦控制了你！

伟大的法国作家巴尔扎克在写出传世作品之前，也遭遇过很多失败和挫折。他年轻的时候，曾为了梦想不惜公然反抗父母的安排，进入一个又脏又破的工作室进行文学创作。

等他辛苦奋斗了半年，拿着厚厚的一沓稿纸走出陋室，兴致勃勃地朗读给大家听时，没想到大家不但不感兴趣，听着听着还睡着了。很显然，这时的巴尔扎克真的很不成功。

初出茅庐就遭到失败，虽然是一个正常的过程，可要是换了别人，很容易在这个转折的过程中屈服，放弃自己的梦想。但巴尔扎克仍然坚持理想，丝毫不畏惧家人对他的经济封锁，积极展开了自救活动。他与人合作写了一些平庸的文章来赚取生活费，甚至还借钱做起了出版。可是，由于经验不足，巴尔扎克的计划全部失败了，导致他债台高筑。

很长一段时间里,巴尔扎克陷入了绝望与痛苦中,不知道未来的方向在哪里。

所幸这样的迷惘并没有持续多久,在一次次反思和挣扎中,巴尔扎克突然意识到,抱怨和沮丧不是解决问题的方法,让它们久驻,只会让生活更糟,自己应该尽快恢复斗志,执着地完成自己的目标。

失败能够摧毁的只有昨天,明天还有一个全新的开始!

于是,巴尔扎克决定重整自己!他首先冷静分析了自己目前的状态,找出自己的不足,把改进计划制订得十分详细。为了训练自己各种能力,他花了很多时间在图书馆查阅资料,学习必要的专业知识;他还刻意和各种人打交道,充分体会人性……

当他对巴黎社会的各阶层都了如指掌的时候,那些故事和人物就像流水般淌出他的笔端,《欧也妮·葛朗台》《高老头》等充满了人间悲喜剧的畅销书一本本地出版,让他赢得了世人的瞩目。

就像美国汽车大王亨利·福特曾经说的一样,失败能提供你用更聪明的方式获得再次出发的机会。走出失败的巴尔扎克,获得了自己想要的肯定和荣誉。

有一次,有人请教巴尔扎克成功的诀窍,他却只是眨眨眼睛耸耸肩,将一个手杖递了过去。在那个看起来并不显眼的手杖上,刻着一句非常有力量的话:我粉碎了每一个障碍!

是的,要不是当初他能乐观地摆脱失败的阴影,及时打破禁锢思想的成见,怎么能把辛酸和痛苦转变成前行的动力呢?

没有人愿意让失败和打击成为自己生活的常客,但是它们总会在你不经意的时候强行拜访。然而乐观理智的人会把这个讨厌的家伙视作一个必然的经历,把它当成督促自己不断前行的特殊使者,给予它最积极的响应。

英国前首相温斯顿·丘吉尔说:"成功,是一种从失败走到另一个失败,却始终不丧失信心的能力。"

　　希腊的大政治家迪摩西尼天生口吃，吐字发音很不清晰。在那个以雄辩定前程的时代里，他应该是一个与政治无缘的凡人。但是，为了进入自己渴望的舞台展示才华，迪摩西尼开始了极为艰苦的训练。

　　传说迪摩西尼为了克服唇齿配合的不利，终日将一块石头含在嘴里，不管是跑步，或是对着开阔的地带呼喊，还是站在镜子前练习长诗的背诵，他都不间断地纠正着自己的姿势和发音，导致他整个口腔都被石头磨得鲜血淋淋。

　　当迪摩西尼觉得自己有了一点基础，开始大胆地站在众人面前演讲的时候，他依然遭受一次又一次的嘲笑。但他并不觉得难堪，反而每次都认真记下当时听众的反应，并展开更为细致的练习。

　　有很多次，为了激励自己，迪摩西尼不惜进入地洞，并剪掉半边头发，让自己可以更专心地练习，直到可以出门见人的那一天到来。

　　因为不怕失败的困苦和世人的讥讽，因为善于从失败中发现自身的不足并加以修正，迪摩西尼最后终于实现梦想，成为伟大的演说家，让上帝的一个失误在自己的主动修补中得到了愈合。

　　要是迪摩西尼因为畏惧失败而放弃追逐梦想，甘心成为一个默默无闻的平凡人，那他的名字将永远不会被人所知。而他的理想，也只能在悄无声息的哀怨和恼怒中消失。但他并没有这么做，而是保持了乐观和执着，为自己书写了一段精彩的人生。

　　英国有句话说：失败不该成为颓丧、失志的原因，应该成为新鲜的刺激。所有的失败后面，都应该包含经验和财富，这是赐予那些正在学习中的人最好的礼物！

　　想想看，如果你非得接受这次失败，是不是应该庆幸还好它来得早、来得及时，在你伟大的计划还没有全部实现前就降临，让你成功地避免了一次失望和打击。或者可以这么说，如果这次失败没有将你彻底打垮，你是不是就拥有了对付失败最有效的秘密武器？

失败不是一个不可宽恕的错误,当它来了,请不要被它的来势汹汹吓倒,而是要从中吸取值得借鉴的经验,那么你就可以对生活说出一声:我可以!

心灵悄悄话
XIN LING QIAO QIAO HUA >>>

最有希望的成功者,并不是才干出众的,而是那些最善于利用每一个时机发掘开拓的人。失败能提供你用更聪明的方式获得再次出发的机会。

感谢缘分，感谢你的敌人

中国人很信缘分，无论是好事、坏事，都认为是缘分的作用。

"百年修得同船渡"的古话揭示了缘分的难得，连一起乘船渡河的人都需要苦修百年才能相逢，那么进入一个公司或团队，与老板、上司、同事、朋友朝夕相处，这样的缘分又需要经过几百年的修行呢？因为相信缘分，所以大多数人都很珍惜和感激这样的相逢。

可是，由于各种因素的影响，有缘在一起的人开始彼此伤害，并且极端仇恨对方，仿佛对方一无是处。而处境较不利的一方，痛苦难耐的时候难免会忍不住抱怨，这是正常的。但是，等眼泪流完、责骂吐尽后，是不是应该冷静地想一想，为什么自己会遇到这样的状况？为什么偏偏是自己？为什么朋友间原来的和睦协调变成了现在的决裂？为什么自己仍在留恋眷顾而别人却毫不在意，视你为空气？

在破裂的缘分里，有一个不和谐的"他"，也有一个不和谐的"你"！

认真回头观望曾经发生的点点滴滴，除了看见别人的苛刻外，你也会惊讶地发现自己的缺漏！

真的，你会看到那个汗流浃背的人，虽然他可能是公司最辛苦的人，但他处事僵硬呆板，一次又一次地为公司制造了不必要的事端；你会看到那个每天都很忙碌很操心的小主管，其实完全不懂得时间管理，做事效率极低，累垮他的其实不是公务而是自己的混乱；你会看到那个手脚利落拼命创造业绩的工作狂，因为忽略了其他同事的业绩而腹背受敌，老是被暗箭射伤……

而你，是这个缘分中出现的角色，但你时常忘记了维系缘分的有效

方法。

所以,当我们能很清晰地认识到问题时,也就能理解为什么自己会遭遇这样的不幸和打击,也就不会再对着老天大叫不公平了。

英国科学家洛克说:"人生的磨难是很多的,所以我们不可对每一件轻微的伤害都过于敏感。在生活磨难面前,精神上的坚强和无动于衷是我们抵抗罪恶和人生意外的最好武器。"

当你认识了这个环境和这个人、这群人,就要自然地融入进去,接受同样的生活。

在日本还是大名割据的战国时代时,度过了很长一段流浪生活的丰臣秀吉,是尾张(今爱知县)大名织田信长的手下,担任在大门前为主人温暖草鞋的工作。

面对卑微的工作,丰臣秀吉并没有因为情绪低落而产生怨恨,他反而感谢缘分让自己能够在此休整。

他把对织田信长的爱戴同阿谀奉承区分开来,默默地辛苦工作,对未来充满希望。等到丰臣秀吉成为一个照顾马匹的马夫时,他对主人的感谢更加炽热,不惜在自己微薄的薪资中抽出一部分钱,买了马喜欢吃的胡萝卜喂它。

结果,妻子非常不满他这样损私肥公,于是抛弃丰臣秀吉远走高飞。然而,就是这样一个卑微的小人物,在织田信长死后,辗转爬上最高地位,统一了日本。

不计较暂时的得失,保持对团队的热爱,让缘分发展成一种稳定的合作关系,这是丰臣秀吉的坚持所得到的结果。而他,也就是凭着这样惊人的服务和奉献精神,一步步成为织田信长群体里的重要角色。

去某地工作,或和某人相识相交,看起来似乎是双方意愿促成的,但,冥冥中其实有一股巨大的力量在促成这样的结合,这就是中国人所说的缘分。

回过头来看看现代社会,很多人进入一个公司不久就会暗地里抱怨、嘲讽老板和同事,而别人的缺点从他嘴里说出来也会显得格外不堪。

其实,当你在说老板和同事坏话的时候,有没有理智地想过,自己赖以生存的空间就是这群让你讨厌的人在支撑的,别人每时每刻都在为这个团队付出努力,如果你真的很不满意,为什么不摔门而去,还要委曲求全呢?难道,你不是因为不确定自己的能力能否胜任更好的工作吗?所以说,你其实只是窝里横。

做人要公道,也要厚道,才能在缘分中有所得到!

我们大可不必羡慕别人的风光,真的,当一个老板还不是呼风唤雨的大老板时,或者一个办公室红人还没有熟透之前,他们的日子并不比厕所里的清洁人员轻松。

老板需要面对的压力极多,职员生病了、倦怠了,随时都可以拍拍屁股走人;而老板呢?对于大多数小老板来说,他们可没有这么自由自在!银行、国税局、保险局……哪个地方不需等他亲自做决定?跑得了员工,跑不了老板!而办公室红人呢?只要他有一天没有让老板高兴,没有让公司业绩上升,他也会立刻受到上司无情的责骂!

其实,要是你能不在意别人的成就,不眼红别人的业绩,你的快乐会多很多!

想要在一个环境里与人和睦相处,除了处处维护自己的权利外,也要用心维护并尊重别人的权利。那种一边在公司拿钱,一边又怨声载道、搬弄是非的人,打心里就忽略了同事间的特别缘分,且不说能寻求更大的发展,就连平稳地工作下去恐怕都很难。

英国政治家埃德蒙·伯克说:"同我们争斗的对手强健了我们的筋骨,磨炼了我们的意志,我们的对手就是我们的帮手。"

哪怕是和敌人在一起,你都可能从中获得益处,这就是我们说的缘分的神奇!

珍惜与人相遇的机会,会让一个人因感恩而发挥出巨大的潜能,创造出惊人的成绩,从而奠定更好的基础,为美丽的未来铺路。

有这么一个故事：大量的带鱼在被运到远方的途中，尽管它们都被养在水箱里，但由于旅行时间长，还是有不少带鱼在沉闷中死了。于是，有人提议在水箱里放几条吃带鱼的黄鱼，让黄鱼刺激带鱼游动，保持其活力。

果然，这个计划一实施就解决了难题。原已迷糊的带鱼们为了躲避天敌的捕食，纷纷甩掉昏昏欲睡的困怠，机警灵活地穿梭着，游动着，终于活着抵达了目的地。

其实人们在生活中遇到的一些所谓的冤家和对手，就像这些带鱼所面临的黄鱼。要是没有黄鱼无情地追杀和迫害，带鱼很可能就会因为自身的懒怠而丧失动力或生命。所以，在相遇的缘分上，带鱼是应该感谢黄鱼的。

人生中的对手象征压力，代表磨难，但也是激发你奋进的动力。当上天安排你和那些对你不满意的人共事时，别去怨恨，想想他带给自己的正面好处，感激他的咄咄逼人让自己快速进步，你的实力其实很大一部分是来自于这样的苛刻。

有时候，真正使一个人坚持到底的不是顺境，不是朋友，而是那个能置你于死地的对手，那份让你哭泣也让你欢笑的缘分！

心灵悄悄话
XIN LING QIAO QIAO HUA >>>

请不要在受苦的时候抱怨，是缘分让你有敌人，有对手，更有朋友和永远的依靠！相信神奇的缘分，擦掉泪珠和汗水，安静地微笑，然后再出发！重视你的敌人，因为他们最先发现你的错误。

第三篇 >>>
让自己常保充沛的活力

生活中,能否保持旺盛的精力和愉快的心情,对于我们的身心健康非常重要。一个人的精力不足,不仅难以快乐地生活,而且会影响我们的学习和工作。成功的人有足够的精力去面对众多的人和事,而精力不足的人面对过多的事务就会感到烦心、倦怠。因此要时刻保持充沛的精力,就必须经常保持愉快的心情。

在生活中想要得更多不是错误,但是被这些想法缠住可就不好了,要尽全力摆脱这些想法的纠缠。野心终止了,幸福就开始了。

不要让自己太疲倦

要衡量一天工作的质、量是否已经完成指标，不是看你有多疲倦，而是看你多不疲倦。

下面是一个令人吃惊而且非常重要的事实：单单用脑不会使你疲倦。这句话听起来非常荒谬，然而科学实验却证明了这一点。

那么是什么使你疲劳呢？心理治疗家认为，我们感到的疲劳，多半是由精神和情感因素引起的，英国最有名的心理分析学家海德费在他的《权力心理学》里说："我们感到的大部分疲劳，都是心理影响的结果。实际上，纯粹由生理引起的疲劳是很少的。"

美国著名的心理分析学家布列尔博士说得更详细，他说："一个坐着的工作者，如果健康状况良好的话。他的疲劳100%是受心理因素也就是情感因素的影响。"

哪些因素会导致疲劳呢？当然是烦闷、懊恨、一种不受赏识的感觉以及忙乱、焦急、忧虑等。这些感情因素使人容易感冒，使工作成绩下降。我们之所以感到疲劳，是因为我们的情绪使身体紧张。

为什么在从事脑力劳动的时刻，也会产生这些不必要的紧张呢？何西林说："几乎所有的人都相信越困难的工作就越得用力做，否则就不能做好。"所以我们一集中精力就皱起了眉头，耸着肩膀，让所有的肌肉都"用力"，实际上这对我们的思考根本没有丝毫帮助。

碰到这种精神上的疲劳，应该放松、放松、再放松。

这很容易吗？不，你要花很大力气才能把一辈子的习惯改过来，可是花这种力气是值得的。威廉·詹姆斯在那篇名为《论放松情绪》的文章

里说："美国人过度紧张、坐立不安、表情痛苦，这是一种坏习惯，地地道道的坏习惯。"紧张是一种习惯，放松也是一种习惯，而坏习惯应该消除，好习惯应该保持。

怎样才能放松呢？是先从思想上还是先从神经上开始？都不是，应该先从肌肉开始，首先你要放松眼部肌肉，然后可以用同样的方法放松你的脸部、颈部和整个身体。

但是，你全身最重要的器官，还是你的眼睛。芝加哥大学的艾德蒙·杰可布森博士说，如果你能完全放松你的眼部肌肉，你就可以忘记你所有的烦恼了。在消除神经紧张方面眼睛之所以如此重要，是因为它们消耗了全身能量的1/4。这也就是为什么很多眼力很好的人，却感到"眼部紧张"，因为他们自己使眼部感到紧张。

以擅长写作长篇小说闻名的女作家薇姬·贝姆曾说，他小时候遇见过一位老人，教给她一生中所学过的最重要的一课。那时候，她摔了一跤，碰破了膝盖，扭伤了手腕。有个曾在马戏团当小丑的老人把她扶起来，在帮她把身上灰尘掸干净的时候，那个老人对她说："你之所以会碰伤，是因为你不知道怎样放松自己。你应该假装你自己软得像一双袜子，像一双穿旧了的袜子。来，我来教你怎么作。"

那个老头就教薇姬·贝姆和其他的孩子怎么样跑，怎么样跳，怎么样翻跟头，还一直教他们说："要把你自己想象成一双旧袜子，那你就能放松了。"

任何时候都能够放松，任何地方也能够放松，只是不要花费力气去让自己放松。所谓放松，就是消除所有的紧张和力气，只想到舒适和放松。开始的时候，先想如何放松你的眼部肌肉和脸部肌肉，不停地说着："放松……放松……放松，再放松！"要从脸部肌肉到身体中心，都能感到自己的体力，要使你自己像孩子一样，完全没有紧张的感觉。这就是著名的女高音嘉莉古淇所用的办法。

海伦·吉卜生告诉我,他常常看见嘉莉古淇在表演之前坐在一张椅子上,放松全身的肌肉,而且下腭松得像脱臼一样。这种做法非常不错,可以使她在登台的时候,不至于感到太紧张,也可以防止疲劳。

下面是帮你学会怎样放松的4项建议:

(1)请看关于这方面的一本好书——大卫·哈罗·芬克博士所写的《消除神经紧张》。我还建议你看一看《为什么会疲倦》,这本书的作者是丹尼尔·何西林。

(2)随时放松你自己,使你的身体软得像一双旧袜子。我在工作的时候,常常在桌子上放上一双红褐色的旧袜子,提醒我应该放松到什么程度。如果你找不到一双旧袜子的话,一只猫也可以。你是否曾经抱过在太阳底下睡觉的猫呢?当你抱起它时,它的头就像打湿了的报纸一样塌下去了,印度的瑜伽术也教你,如果你想要放松,应该多去瞧瞧猫。我从来没有看过疲倦的猫,也没有看到过患精神分裂症、风湿病,或担忧得染上胃溃疡的猫。要是你能像猫那样放松自己,大概就能避免这些问题了。

(3)工作时采取舒服的姿势。要记住,身体的紧张会产生肩膀的疼痛和精神上的疲劳。

(4)每天自我检查五次,问问自己:"我有没有使自己的工作变得比实际上的更繁重?我有没有使用一些和我的工作毫无关系的肌肉?"这些都有助于你养成放松的好习惯。就像大卫·哈罗·芬克博士所说的:"那些对心理学最了解的人都知道,疲倦有2/3是习惯性的。"

心灵悄悄话
XIN LING QIAO QIAO HUA >>>

困难的工作本身很少造成好好休息之后不能消除的疲劳……忧虑、紧张和情绪不安才是产生疲劳的三大原因。

每天多清醒一个小时

休息并不是浪费生命,它能让你在清醒的时候,快乐地做更多有效率的事。

任何一位在学校念书的医科学生都会告诉你,疲劳会降低身体对一般疾病和感冒的抵抗力;而任何一位心理治疗家,也会告诉你疲劳同样会降低你对忧虑和恐惧感觉的抵抗力。所以,防止疲劳也就可以防止忧虑。

杰可布森医生——芝加哥大学实验心理学实验室主任写过两本关于如何放松紧张情绪的书:《消除紧张》和《你必须放松紧张情绪》,他还主持研究了放松紧张情绪的方法在医学上的用途。他认为任何一种精神和情绪上的紧张状态,"在完全放松之后就不可能再存在了"。这就是说,如果你能放松紧张情绪,就不可能再继续忧虑下去。

所以,要防止疲劳和忧虑,第一条规则就是:经常休息,在你感到疲倦以前就休息。

这一点之所以重要,是因为疲劳增加的速度快得出奇。

约翰·洛克菲勒也创造了两项惊人的纪录:他的财产在当时世界首屈一指,而寿命也达到了98岁;怎样做到这两点的呢?主要原因当然是遗传。他家族的人都很长寿。另一个原因就是,他每天中午在办公室睡半小时午觉,这时哪怕是美国总统打来的电话他也不接。

在《为什么会疲劳》一书中,丹尼尔写道:"休息并不是绝对地什么都不做,休息就是修补。"在短短的一点休息时间里,就能有很强的恢复能力,即使只打五分钟的瞌睡,也有助于防止疲劳。

在亨利·福特80岁大寿之前,我去访问过他。我实在猜不透他为什

么看起来那样精神焕发。我问他秘诀是什么？他说："能坐下的时候，我绝不站着；能躺下的时候，我绝不坐着。"

杰克·查纳克是好莱坞最有名的大导演之一。几年前，他说他常常感到劳累和筋疲力尽。他什么方法都试过了，喝矿泉水，吃维生素和其他补药，但对他一点帮助也没有。后来他每天去"度度假"。怎么做呢？就是当他在办公室里和部下开会的时候，躺下来放松自己。

两年之后，我再见到他的时候，他说："出现了奇迹，这是我医生说的。以前，每次我和部下谈论短片问题的时候，我总是坐在椅子里，非常紧张。现在每次开会的时候，我躺在办公室的沙发上。我现在觉得比我20年来都好多了，每天能多工作两个小时，却很少感到疲劳。"

那么你如何使用这些方法呢？如果你是一位打字员，你就不可能像爱迪生或者是山姆·高尔温那样，每天在办公室里睡午觉；如果你是一个会计，你也不可能躺在长沙发上和你的上司讨论账目的问题。可是，如果你住在一个小城市里，每天中午回家吃午饭的话，饭后你就可以睡十分钟的午觉。这正是马歇尔将军常做的事。在第二次世界大战期间，他觉得指挥美军部队的工作非常忙碌，所以中午必须休息。

如果你没有办法在中午睡个觉，那么至少要在吃晚饭之前躺下来休息一个小时，这比在吃饭前喝一杯酒便宜得多了，细算起账来，比喝一杯酒还要有效得超过5467倍。如果你能在下午五六点钟，或者七点钟左右睡上一个小时，那么，你就可以在你的生活中每天增加一小时的清醒时间。为什么呢？因为晚饭前睡的那一小时，加上夜里所睡的六个小时——一共是七个小时——对你的好处比连续睡八个小时更多。

从事体力劳动的人，如果休息时间多的话，每天就可以做更多的工作。

佛德瑞克·泰勒在贝德汉钢铁公司担任科学管理工程师的时候，就

曾以事实证明了这一点。他曾经观察过,工人每人每天可以往货车上装大约12吨半的生铁,而他们一般在中午就已经筋疲力尽了。他对所有产生疲劳的因素做了一次科学性的研究,认为这些工人不应该每天只装12吨半的生铁,而应该每天装47吨。照他的计算,他们应该可以做到目前成绩的4倍,而且不会疲劳,只是必须要加以证明。

他从搬运工里选了一位施密特先生,让他按规定时间来工作,由专人拿着表来指挥他:"现在搬起一块生铁,走……现在坐下休息……现在走……现在休息。"

结果其他人每天只能搬12吨半,而施密特却能搬47吨。在长达二三年的时间里,他的工作能力从未减弱过,这是因为他在疲劳之前就有时间休息:每小时他大约工作26分钟,而休息时间却有34分钟。他休息的时间要比工作时间多,可是他的工作成绩却差不多是别人的4倍!

照美国陆军的办法去做——经常休息,照你心脏工作的方法去做:在疲劳之前先休息。这样就能使你每天的清醒时间多一小时。

心灵悄悄话
XIN LING QIAO QIAO HUA >>>

防止疲劳和忧虑的第一条规则是经常休息,在你感到疲倦以前就休息。在你感到疲劳之前先休息,这样,你每天清醒的时间就可以多增加一小时。

每天都笑一笑

如果你在一天之中没有笑，那你这一天就算白活了。

英国哲学家斯宾塞说："生命的潮汐因快乐而升，因痛苦而降。"

笑口常开，青春常在。经常笑的人，会比心情郁闷、整天绷着脸的人拥有更多青春活力，同时，也更健康。中国著名科普作家高士其曾高度评价笑的作用，他指出："笑，是治病的偏方，是健康的使者。"

传说神医华佗有一天路过一个村庄，看见一对小姐妹眼睛红肿如桃。华佗询问得知姐妹因失去双亲，日思夜哭，华佗告诉他们："你们只要每日在足心抓49下，过半个月，病就会好的。不过，要当心，抓多了不灵，抓少了不行。"妹妹一有空就抓起来，手指一触足心就发痒，忍不住就笑，果然，不到半个月，眼疼就获痊愈，可谓"笑到病除"。可姐姐不相信，未按华佗医嘱去抓，两眼仍然红肿。

笑能使人精神愉悦，同时还对心脏大有好处；相反，心情沮丧则不利于身体健康，甚至会增加早死的危险。

马里兰大学的迈克尔·米勒博士表示，笑给心血管带来的好处就像锻炼可以给心血管带来的好处一样，因为笑可以促使血液流通。而北卡罗莱纳大学的另一项研究表明，心情沮丧或缺少笑容常常与诸如抽烟、吸毒等不健康的生活习惯联系在一起，能将死亡的危险增加44%。

在调查过程中，米勒选择了20部让人发笑或让人伤悲的影片，并让20名平均年龄为33岁的不吸烟、身体健康的志愿者观看。当志愿者观看影片时，研究人员检测他们血管内发生的变化。研究显示，观看悲剧片

时,20名志愿者中有14人胳膊上的动脉血流量减少;相反,在观看喜剧影片时,20人中有19人的血流量增加。研究人员得到的结论是,在笑的时候,血流量会平均增加22%;而当人们有了精神压力时,血流量则会减少35%。

由此,米勒博士得出这样的结论,笑和做有氧运动时差不多,但笑可以使我们远离由运动带来的伤痛和肌肉紧张等不良影响。他同时表示,笑也不可能取代体育锻炼,两者应该有规律地同时进行。他说:"我们建议人们一周进行3次体育锻炼,每次30分钟;另外,每天要笑15分钟,这样会对人们保持活力和身体健康有好处。"

现在,世界各国的人们逐步认识到乐观幽默在生活和事业中的重要作用,于是都纷纷做出努力,千方百计地创造条件,让大家生活得快乐些。这些年,几乎在全世界都掀起了一股漫画热。尤其是在日本,漫画达到了风靡的程度,以至于形成了一种所谓漫画文化,使漫画成了与空气一样不可缺少的东西。现在日本最畅销的报刊就是漫画报刊。

据统计,漫画杂志一年可销售16.8亿册,平均每个日本人一年购买15册。人们认为,日本漫画热的形成首先是因为日本社会的高度紧张。人们都很疲劳,为了松弛一下,便纷纷逃到漫画世界里去。而现在,日本的一些漫画家甚至把一些难读难解的书籍如经济、历史等方面的著作也编成漫画。人们在轻松的阅读中领略到笑意,在笑意中理解书的内容,可真是寓教于乐。

笑是一种有益的健身锻炼,笑有利于消化、循环和新陈代谢,重要的是笑有助于乐观地对待现实。生活中如果没有了笑声,人就会生病,并使病情日趋严重,而幽默则能激起内分泌系统的积极活动进而有效地解除病痛。

奥尔嘉·加维住在爱达和州,在最悲惨的情况之下,发现自己还能停止忧虑。我非常坚定地相信你和我也都能那样做,只要我们应用这本书里所讨论的一些很古老的道理。下面就是奥尔嘉·加维所写的故事:

"八年半以前，医生宣告我将不久于人世，会很慢、很痛苦地死去。国内最有名的医生梅奥兄弟也证实了这个诊断。我走投无路，死亡就要扑向我。我还很年轻，我不想死，绝望之余，我打电话找到了我的医生，告诉他我内心的绝望。他有点不耐烦地拦住我说'怎么回事，奥尔嘉？难道你一点斗志也没有吗？你要是一直这样哭下去的话，毫无疑问，你一定会死。不错，你碰上了最坏的情况。要面对现实，不要忧虑，然后想点办法'。就在那一刹那，我发了一个誓，我是如此坚决以至于连指甲都深深地掐进肉里，而且背上一阵发冷'我不会再忧虑，我不会再哭泣，如果还有什么需要我常常想的，那就是我一定要赢！我一定要继续活下去。"

"在不能用镭照射的情况之下，每天只能用 X 光照射 10 分半钟，连续照 30 天。但他们每天为我照了 14 分半钟的 x 光，照了 49 天。虽然我的骨头在我瘦削的身体里撑出来，像是荒凉山边的岩石，虽然我的两脚重得像铅块，我却不忧虑，也没哭过一次。我面带微笑，不错，我的的确确在勉强自己微笑。

"我不会傻到以为只要微笑就能治疗癌症。可是我的确相信，愉快的精神状态有助于抵抗身体的疾病。总之，我经历了一次治愈癌症的奇迹。在过去这些年里，我再也没有像现在这么健康过，这都多亏了这句富有挑战性和战斗性的话'面对现实，不要忧虑，然后想点办法。"

乐观、愉快、喜悦、幽默和笑，都能使大脑皮层处于中等兴奋状态。这是一种最佳情绪和最佳心理状态。在这种最佳情绪和最佳心理状态下，大脑皮层对身体内外的刺激都产生最佳反应，并发出最佳指令，从而使身体各部分得到最佳调节，使生命活力和抵抗力得到最佳表现，从而最有利于身心，并能战胜各种疾病的侵袭;同时，它能使人的才能、智力、体力和创造力得到最佳发挥，所以又最有利于获得事业的成功和取得最佳的成就。

由此，我们认为,乐观的情绪是保健延年的最佳药方,是成就事业的最佳方法。健康的大笑是消除疲劳的最好方法,也是一种很愉快的发泄不良情绪的好方式。

　　莎士比亚曾说过一句话:"如果你在一天之中没有笑,那你这一天就算是白活了。"医学证明人在幽默欢乐的过程中,会引起荷尔蒙的改变,与长寿有着积极联系。现在一些保健专家也建议:医生不要犹豫为病人开出"笑"的处方,给他们指出适当的笑的频率,教给病人一些发笑方法,这对健康和长寿是有益无害的。

心灵悄悄话
XIN LING QIAO QIAO HUA >>>

　　"一笑解千愁""乐而忘忧",笑能使人驱散忧虑和压抑的消极情绪,使人变得快乐。

养成良好的工作习惯

一个人只有养成良好的工作习惯，才能行事有序，做成大事。下面我们为你推荐 4 种良好的工作习惯，可以让你高效工作，摆脱疲劳的困境。

第一种良好的工作习惯：拿走你桌上所有的纸张，只留下和你手头事务有关的。这样你会发现你的工作更容易处理，也更有头绪可寻。

一家新奥尔良报纸的某位发行人说，他的秘书帮他清理了一下桌子，结果发现了一架两年来一直找不着的打字机。

如果桌子上堆满了信件、报告、备忘录之类的东西，就足以使人产生混乱、紧张和焦虑的感觉。更糟的是，它会让你觉得自己已有 100 万件事要做，可根本没时间做，根本做不完。这种情绪会使你忧虑得患高血压、心脏病和胃溃疡。

如果你到华盛顿的国会图书馆去，就会看到天花板上漆着 11 个字，这是著名诗人波普写的："秩序，是天国的第一条法则。"

宾夕法尼亚州立大学医学院的约翰·斯托克教授，在美国医药学会全国大会上宣读过一篇论文，题目叫作《生理疾病引起的心理并发症》。在这篇文章中，他在一项"病人心理状况研究"的题目下列出 11 种情况，下面就是其中的第一种：

"总是有一种必须去做或不得不做的感觉，而且感到有做不完的事情。

著名的心理治疗专家输廉·山德尔博士，就曾用这种简单的方法治愈了一位病人。

这位患者是芝加哥一家大公司的高级主管,当他初次到山德尔的诊所去的时候,非常紧张不安,面临精神崩溃的危险。在就诊之前,他的办公室有三张大写字台,他把全部时间都投入工作,可事情似乎永远干不完。当他与山德尔谈过以后,回到办公室的第一件事就是清理出一大车的报表和旧文件,只留一张写字台,事情一到就马上办完。于是,再没有堆积如山的公事威胁他,他的工作渐渐有了起色,而且身体也恢复了健康。

前美国最高法院大法官查尔斯·伊文斯·休斯说:"人不会死于工作过度,却会死于浪费和忧虑。"

第二种良好的工作习惯:区分事情的重要程度来安排工作顺序。

创办遍及全美的市务公司的亨瑞·杜哈提说,不论他出多少钱的薪水,都不可能找到一个具有两种能力的人。

这两种能力是:第一,能思想;第二,能按事情的重要次序来做事。

查尔斯·卢克曼从一个默默无闻的人,在 12 年内变成了培素登公司的董事长,每年 10 万美元的薪金,另外还有 100 万美元的进项。他说他的成功原因是他能够根据事情的轻重缓急来行事的能力。卢克曼说:"就我记忆所及,我每天早上 5 点钟起床,因为那时我的头脑要比其他时间更清楚。这样我可以比较周到地计划一天的工作,按事情的重要程度来安排做事的先后次序。"

富兰克林·白吉尔是美国最成功的保险推销员之一,他不会等到早晨 5 点才计划他当天的工作,他在头一天晚上就已经计划好了。他替自己订下一个目标——一天里卖掉多少保险的目标。如果没有完成,差额就加到第二天,依次类推。

如果萧伯纳没有坚持先做的事情就先做这一原则,那他一辈子就只能做银行出纳而不会成为戏剧家了。他拟定了计划,每天必须写作至少 5 页,他这样工作了 9 年。

当然,一个人不可能总按事情的重要程度安排计划,但按计划做事,

绝对要比兴之所至去做好得多。

第三种良好的工作习惯：当你碰到问题时，如果必须做决定，就当场解决，不要拖延。

已故的 H. P. 霍华在美国钢铁公司担任董事的时候，开起董事会总要花很长的时间，会议要讨论很多问题，但有结果的却很少。最后，董事会的每一位董事都得带着一大包文件回家看。

后来，霍华先生说服了董事会，每次开会只讨论一个问题，然后做出结论，不耽搁，不拖延。这样所得的决议也许需要研究更多的资料，但是，在讨论下一个问题前，这个问题一定能形成决议。霍华先生告诉我，改革的结果非常惊人，也非常有效，所有的陈年旧账都了结了。日历上干干净净的，董事们也不必带着大包文件回家，大家也不再为没有解决的问题而忧虑。

第四种良好的工作习惯：学会如何组织、分层负责和监督。

很多商人都在自掘坟墓，因为他们不懂得怎样把责任分摊给其他人，而坚持事必躬亲。其结果是，很多枝节小事使他手忙脚乱，他总觉得匆忙、焦虑和紧张。

心灵悄悄话
XIN LING QIAO QIAO HUA >>>

一个书桌上堆满了文件的人，若能把他的桌子清理一下，留下手边待处理的一些，就会发现他的工作更容易，也更实在。我把这种清理叫作料理家务，这是提高效率的第一步。

给自己打气，创造工作的兴趣

产生疲劳的主要原因之一就是烦闷，每天做同样的事，这样翻来覆去就会使你感觉到乏味，久而久之就会厌烦，从而导致心里烦闷，会感到疲劳。相反，当我们做一些很有兴趣也很令人兴奋的事情时，却很少感到烦闷。

打字员爱丽丝小姐工作了一天之后傍晚才回到家中。她腰酸背痛，疲惫不堪，她不想吃饭，只想睡觉。正在这时，男朋友打来电话邀他去跳舞。顿时她的眼睛亮了，精神来了。她换上衣服，冲出门去，一直跳到凌晨3点才回来。这时她一点也不疲倦，正相反，她兴奋得睡不着觉了。

看得出来，傍晚时分她觉得疲劳是工作让她烦恼，使她对生活也产生厌烦。世界上这样的人很多，你也许就是其中之一。

约瑟夫·巴马克博士在《心理学学报》上有一篇报告，谈到了他的一次实验。

她叫维莉·哥顿，是一位打字员，家住伊利诺伊州爱姆霍斯特城。她发现，假装工作很有意思，会使人得到很多的报偿。她讲述了下面的故事：

"我们办公室一共有4位打字员，分别替几个人打信件。我们经常因工作量太多而加班加点。有一天，一个副经理坚持要我把一封长信重打一遍，我告诉他只要改一改就行，不需要全部重打。可他对我说'如果我不重来他就另外雇人了'。我气得要死，为了这个职位和薪水，我只好假

装喜欢重新打这封信。干着干着,我发现如果我假装喜欢工作,那我真的会喜欢到某种程度,而这时我的工作速度就加快。这种工作态度使我受到大家的好评,后来一位主管请我去做私人秘书,因为他了解我很乐意做一些额外的工作而不抱怨。心理状态的转变给我带来了奇迹。"

哥顿小姐运用了汉斯·威辛吉教授的"假装"哲学,他教我们要"假装"快乐。

如果你"假装"对工作有兴趣,这一点点假装会使你的兴趣变成真的,可以减少你的疲劳、忧虑和烦闷。

如何将一件毫无乐趣的工作变得很有趣?

卡腾堡22岁那年,在一艘横渡大西洋运牲畜的船上工作,为船上运载的牲口喂水和饲料。然后他骑着自行车周游了全英国,接着到了法国。到达巴黎时他的积蓄花光了,只得把随身带着的照相机当了几元钱,在巴黎版的《纽约先驱报》上登了一个求职广告,找到了一份推销立体观测镜的差事。

他不会说法语,但挨门挨户地推销了一年以后,他居然挣了5000美元的佣金,成了当年法国收入最高的推销员。

他是怎样创造奇迹的呢?

起初,他请老板用纯正的法语把他应该说的话写下来,然后背得滚瓜烂熟。他就这样去按人家的门铃。家庭主妇开门之后,他就开始背诵老板教的推销用语。他的带美国口音的法语使人觉得很滑稽,他趁此机会递上实物照片。如果对方问一些问题,他就耸耸肩说"美国人……美国人",同时摘下帽子,把藏在帽子里的讲稿指给人家看。那个家庭主妇当然会大笑起来,他也跟着大笑,然后再给对方看更多的照片。

当卡腾堡讲述这些事情的时候,他很坦白地承认这种工作实在很不容易。他之所以能挺过去。就是靠着一个信念:他要把这个工作变得有

乐趣。

　　每天早上出门之前,他都要对着镜子里的自己说:"卡腾堡,如果你要吃饭,就得做这件事。既然非做不可。那你何必不做得痛快一点儿呢?就假想你是一个演员,正站在舞台上,下面有很多观众正注视着你。你现在做的事就像演戏一样,何必不高兴点儿呢?"

　　卡腾堡每天给自己打气的这些话,有助于把一个他以前既恨又怕的工作变成他喜欢的事情,也让他挣得了很高的利润。

　　我们常常觉得需要做一些运动,让自己从半睡半醒状态里醒过来。但我们更需要一些精神和思想上的运动,使我们每天早上能够真正地活动起来,每天早上给自己打打气吧。

　　每天早晨给自己打气,是不是一件很傻、很肤浅、很孩子气的事呢?不是的,这在心理学上是非常重要的。

　　如果你在工作上得不到快乐的话,那你在别的地方也不可能找到,因为你一天的大部分清醒时间都花在工作上了。

心灵悄悄话
XIN LING QIAO QIAO HUA >>>

　　如果你经常给自己打气,创造工作的兴趣,那你就会把疲劳降到最低程度,这样也许就会给你带来升迁和发展。

释放愤怒和不平

扭转自己的坏运气,除了必须付出不懈的努力外,还要创造一种积极的气场,让吉祥如意的好运气愿意留下来。

所以,一个人越是辛苦、不顺利的时候,越不应紧锁愁眉,抱怨絮叨,而是应该微笑着将期待和希望用最热烈的方式表达出来!如果光靠自己无法扭转颓势,那么,就请借助外界的力量,将愤怒和不平释放出来,让自己开心起来。

有两个特殊的地方是值得我们前往观察的,一个是医院,那里有一些被迫失去人生诸多的人,仍在认真地活着;一个是寺庙,那里有一些主动舍弃人生诸多的人,也在认真地活着。

我们先来看第一个场所——医院。在常人的眼光看,这里的病人们有的失去了身体的一部分,有的呼吸不顺畅,有的血压忽高忽低,有的更是命悬一线……但无论如何,这里大多数人都在强烈渴望着获得新生,获得与普通人一样的健康身体。

美国著名女作家海伦·凯勒一岁半时因为患病变得又盲又聋,受尽了病魔折磨,但正是因为她人生出现了这个岔路,让她意外地获得了许多人的帮助和恩宠。家人和老师、朋友的关怀,让海伦·凯勒开始学习知识,并且一点点坚定信心。

海伦·凯勒的学习过程并不轻松,在老师沙利文小姐的帮助下,她认真地设法学习那些让自己可以蜕变成美丽蝴蝶的知识,包括学会了讲话,用手指看书。之后,海伦通过特殊考试进入了大学,并且出版了自传小

说，建立起慈善机构……她用自己的力量为失去健康的人造福，也因此被世界各地的人们认同并热爱。

对于一个失去光明的人来说，海伦·凯勒真的有乐观的资本吗？要是换了悲观的人，答案一定是否定的。可是，乐观的海伦·凯勒没有失去她勇敢而敏锐的心，她反而更尽情地发挥她有限的优势，将自己能做的一切事情都处理到最好，一步步走过了险境，战胜了让人生变黑暗的厄运。

当我们处在失业、降职、贫寒等困境中时，想想那些被上天强行夺去健康的人吧，他们都没有失去信念，都在创造一个个奇迹，我们还有什么理由抱怨眼前这些不足挂齿的得失呢？

如果在工作和生活中遇到的困难可以与健康的身体交换，那么，相信绝对不会有人接受这样的交易。也就是说，当你真正了解痛苦的轻重后，面对眼前的困境，你就一定能像医院里那些坚强的求生者一样，抱着要改变自己命运的想法沉着应战，努力克服困难。

毫无疑问，身体受到重创才能算是真正的生命中不能承受之苦。其他的痛苦，相较之下，只能算是一些煎熬和彷徨的情绪。

只要有健康，你就是大赢家，就应该感到开心，也必须开心！

现在，我们再来看看第二个场所——寺庙。寺庙里的僧侣，他们自愿抛弃一切物质和欲求，而且以这种平淡清苦为乐。美国总统林肯说："对于大多数人来说，他们认定自己有多幸福，就有多幸福。"将这句话用在佛门之中，那真是再贴切不过了。

佛门中拥有的信念和关爱，是无边宽阔的，无论你是贫是富，只要你走进这个遮风避雨的地方，就会得到一样的祝福。再看看僧侣那种朴素谦和的态度，相信必能让你对万物苍生心存感激，视挫折和困苦为理所当然，去珍惜现在所拥有的一切。

苏州灵岩山的得道高僧印光大师，一生特别注重惜福感恩。他的一日两餐和衣着住所都非常粗劣简单。一双僧鞋穿了4年，一件僧衣穿了

8年,一张旧床、破桌、旧凳用了一辈子。大师一直坚持提倡,不管贫富贵贱,都应有惜福、感恩、爱物的心灵。

他的早餐仅清粥一碗,不用菜,午饭则为饭一碗、菜一碗。饭毕以舌舔碗,再将水注入涤荡以漱口,餐餐如此。偶尔遇到下面的僧人为自己补给了稍好的酱油,也会以"我等道力微薄,不足利人,接受施主一粒米,已无法消受,哪可吃好菜"自责。即便生活这般苦寒,印光大师的脸上却始终洋溢着一种令人仰慕的幸福和满足。

我们不能要求普通人如印光大师这般节俭求道,但是我们可以领悟这种无欲无求却同样能够得到快乐的态度。清净的佛门钟声不仅仅是敲给僧侣和皈依者听的,其实也是敲给陷入迷雾中无法自拔的普罗大众听的。

当你还在感叹生活的晦暗时,如果能认真检视自己遭遇的那些挫折和失落,你就会惊讶地发现,自己能体面而健康地活着、哭着、受苦着,也是一种值得珍惜的幸福!所有不堪回首的往事,也都将在你恬静知足的心态中逐渐消退。

当幸福如意因为你的乐观而真的降临时,那就是对乐观的你最好的奖赏。

心灵悄悄话
XIN LING QIAO QIAO HUA >>>

当幸福如意因为你的乐观而真的降临时,那就是对乐观的你最好的奖赏。幸福不在于拥有金钱,而在于获得成就时的喜悦以及产生创造力的激情。

摆脱亚健康的困扰

不会休息的人就不会工作。什么叫会休息呢？现代科学赋予的含义就是主动休息。这是一种积极的休息方式，比起累了才休息的被动休息有着质的进步。

在竞争十分激烈的当代社会，人们的疲劳感正在蔓延，最流行的问候语由 10 年前的"吃了吗"变成了如今的"吃力吗"。在我们的周围，不乏这样的"工作狂"，他们早上班，迟下班，整日整夜地工作，连星期天、节假日也不休息。很多人年纪轻轻，自己的健康就已经严重损毁，甚至发生"过劳死"。

"过劳死"就是在慢性疲劳综合征基础上发展、恶化的结果。而慢性疲劳综合征，是以持续或反复发作至少半年以上的虚弱性疲劳为主要特征的症候群，特点是从生物学上（指临床体检、化验等）查不出明显的器质性病变，但自我感觉很累，工作时无精神，生活中缺少乐趣，而且常伴有抑郁、焦虑等情绪反应，也就是处于一种似病非病的第三状态，即亚健康状态。

刚过而立之年的美术师汤姆森先生，虽说工作、生活都还算过得去，但地位、收入都较平平。他不甘心，四处活动，做了好几个兼职，集艺术学校美术教师、广告公司创意总监、美展中心顾问于一身，一个星期几头跑.名声大了，腰包鼓了。正当他春风得意之际，身体向他抗议了，他用一个字来概括——累！每晚回到家里，他觉得骨头都要散架了，一上床那些莫名其妙的梦便来烦他。

安东尼已近40岁,典型的上班族,最怕夜晚来临。因为不知从什么时候开始,他成了没有睡眠的人,几乎用尽了除药物以外的所有土法洋方,也未能解决失眠问题。不仅如此,食欲下降、神经衰弱、性欲减退等症状也相继赶来凑热闹,去医院又查不出什么问题。

人体就像"弹簧",劳累就是"外力"。当劳累超过极限或持续时间过长时,身体这个弹簧就会产生永久形变,导致老化、衰竭、死亡,所以每个人都要小心地保持它的弹性,不要超过它的弹性限度。因此,适当的休息和减压是保持"弹力"的良方。"过劳死"只能预防,"累"病没有特效药,病程越长越难治,病程要是超过三四年的话,治疗会相当困难。劳逸交替才能保持弹性,增加承受力,保持旺盛的生命力。人都要学会调节生活,短途旅游、游览名胜、爬山远眺、开阔视野、呼吸新鲜空气、增加精神活力、忙里偷闲听听音乐、跳舞唱歌、观赏花鸟鱼虫都是解除疲劳,让紧张的神经得到松弛的有效方法,也是防止疲劳症的精神良药。

日本"过劳死"预防协会列出"过劳死"十大信号:

(1)"将军肚"早现。30～50岁的人,大腹便便,是成熟的标志,也是高血脂、脂肪肝、高血压、冠心病的潜在危险信号。

(2)脱发、斑秃、早秃。每次洗桑拿都有一大堆头发脱落,这是工作压力大,精神紧张所致。

(3)频频去洗手间。如果你的年龄在30～40岁之间,排泄次数超过正常人,说明消化系统和泌尿系统开始衰退。

(4)性能力下降。中年人过早地出现腰酸腿痛,性欲减退或男子阳痿、女子过早闭经,都是身体整体衰退的第一信号。

(5)记忆力减退,开始忘记熟人的名字。

(6)心算能力越来越差。

(7)做事经常后悔,易怒、烦躁、悲观,难以控制自己的情绪。

(8)注意力不集中,集中精力的能力越来越差。

(9)睡觉时间越来越短,醒来也不解乏。

（10）经常头疼、耳鸣、目眩，检查也没有结果。

日本"过劳死"预防协会还公布了自查方法：具有上述两项或两项以下者，则为"黄灯"警告期，目前尚无须担心；具有上述3—5项者，则为一级"红灯"预报期，说明已经具备"过劳死"的征兆；6项以上者，为二级"红灯"危险期，可列为"综合疲劳证"——"过劳死"的预备军。

预防亚健康的方法，可以从以下五个方面入手。

第一，保持充足的睡眠。我们常说，不会休息的人就不会工作。这句话精辟地概括了休息与工作之间的辩证关系，也是现代人防止"过劳伤害"的"灵丹妙药"。

什么叫"会休息"呢？现代科学赋予的含义是主动休息。近年来，科学家提出了一种全新的休息方式——主动休息，即在身体尚未感到疲乏和心境达到临境状态时就休息，包括主动休身和主动休心。这是一种积极的休息方式，比起累了才休息的被动休息法有着质的进步。

第二，调整心理状态并保持积极、乐观。广泛的兴趣爱好会使人受益无穷，不仅可以修身养性，而且能够辅助治疗一些心理疾病。善待压力，把压力看作是生活不可分割的一部分。学会适度减压，以保证健康、良好的心境。

第三，及时调整生活规律，劳逸结合。适度劳逸是健康之母，人体生物钟正常运转是健康的保证，而生物钟"错点"便是亚健康的开始。人体在进化过程中形成了固有的生命运动规律，即"生物钟"，它维持着生命运动过程气血运行和新陈代谢的规律。逆时而作，就会破坏这种规律，影响人体正常的新陈代谢。

第四，保证合理的膳食和均衡的营养。维生素和矿物质是人体所必需的营养素。养成正确的饮食生活习惯：少食多餐，少主多菜，少盐多醋，少欲多施，少忧多眠，少愤多笑，忌烟酒、油炸、熏烤以及发霉的食品，粗细搭配多样化，多吃水果、蔬菜、豆制品，少吃猪肉，适当吃些牛羊肉、鸡、鱼等。

第五，增加户外体育锻炼活动，每天保证一定运动量。现代人热衷于

都市生活,忙于事业,身体锻炼的时间越来越少。加强自我运动可以提高人体对疾病的抵抗能力。人体在生命运动过程中有很多共性,但是也存在着个体差异。因此,练体强身应该是个体性很强的学问。

心灵悄悄话
XIN LING QIAO QIAO HUA >>>

疲劳,是一种信号,它提醒你你的机体已经超过正常负荷,出现疲劳感就应该进行调整和休息。如果长期处于疲劳状态不仅降低工作效率,还会诱发疾病。

实现工作与生活的平衡

生活的原则是和谐,因此你要在工作和休息之间、事业和家庭之间取得平衡。

安妮花了5年时间思考,今年终于决定改变工作,重新安顿身与心,她领悟到,工作中的快不快乐,可能只是5.1比4.9的微差而已,中间有个阶梯,你可能爬到中间的梯子拥有恰好的平衡,也可能只走了一阶。即使如此,你也在进步,平衡尺上的浮标又往前游移一格。

安妮有个生命平衡法则,用来制衡工作与生活。她将生命切成健康、时间、自由与快乐等四块,视个人状况分配比重以及排序。如果每个元素都不缺,反映到工作中的态度与情绪就比较平和,因而获得适当的平衡。长期处在平衡中,就能正向积极思考。许多专家呼吁,积极思考可以调适工作压力,清除不必要的情绪。上班族多亲近正向思考的人,能减少倦怠感。

她的做法是,如果将事情弄得很糟时,只允许情绪低落一下子。她很快会换个想法:"太棒了,我们又学到一招,下次又有机会尝试其他处理方法,我们不因此认为自己很差劲。"

学会工作的同时也要学会休息。

在职场上学习让自己喘口气,是一门学问。罗拉,一个中型电脑公司的总经理,她一年至少休一次长达两星期的假,半年内会有几次短短两天的假,不一定出国,有时只是到山里或海边走走。

美国石油大王洛克菲勒在平衡工作与生活关系方面可谓是一个专家。谈起工作和生活,他说,这么多年以来,我执行的原则就是好好工作,好好享受,花一点时间来当父亲。但是回头看去,很显然我所选择的平衡对于我家里和办公室的其他人都有不利的影响。例如,我的孩子们主要是由他们的母亲独自带大的。

尽管工作与生活的平衡问题一直是很多中年人所关心的问题,但似乎直到我退休之后,它才真正热门起来。在我过去的工作中,我听到了许多这方面的问题。最常见的是:"你怎么会有那么多的时间去打球,还能继续干好总裁的工作?"

在个人应该如何排列生活中各部分的优先次序的问题上,我显然不是专家。何况我一直以为这些选择应取决于个人。

工作与生活的平衡是一个交易——你和自己之间就所得和所失进行的交易。平衡意味着选择和取舍,并承担相应的后果。让我们站到你的老板的视角上,换个位置对工作与生活的平衡问题做些思考。

(1)你的老板最关心的事情是竞争力。当然他也希望你能快乐,但那只是因为你的快乐能够帮助他的公司赢利。实际上,如果他的工作做得好,他就可以让你的工作变得很有吸引力,使你的个人生活显得不那么拖后腿。

老板给你付工资的原因,是因为他们希望你贡献所有的一切——包括你的头脑、体力、活力和献身精神。

(2)绝大多数老板都非常愿意协调员工的工作与生活的矛盾,如果你能给他出色的业绩。这里的关键词是"如果"。

(3)老板们很清楚,公司手册上面关于工作、生活平衡的政策主要是面向新人的招聘工具,而真实的平衡安排是在老板与员工之间就具体问题进行单独谈判得到的,其背景是一个相互支持性的企业文化,而不要总是强调"但是公司说过……"。

(4)那些公开为工作与生活的矛盾问题而斗争、动辄要求公司提供帮助的人会被当作动摇不定、摆资格、不愿意承担义务或者无能的人,或

者以上全部。因此,那些消极抱怨的人最后总免不了被边缘化的命运。

所以,在你第5次开口要求公司减少你的出差,要求在星期四上午请假,或者希望回家去照顾小孩之前,你应该知道自己是在发表一项声明。而且不管你用什么辞令,你的请求在别人听来都似乎是:"我对这里的工作并不真的感兴趣。"

(5)即使最宽宏大量的老板也会认为,工作和生活的平衡是需要你自己去解决的问题。实际上,绝大多数人也知道,的确有一些策略能帮助你处理好这个问题,他们也希望你能采用。

不过,在此期间,你也可以并且应该学会帮助自己。有关工作与生活的话题已经讨论相当长的时间了,也有不少好的经验被总结出来。那些非常老练的老板们都知道这些技巧,很多人自己已经开始采纳,他们也希望你能借鉴。

通过上面的一段话,我们知道平衡工作和生活是一个人取得事业上成功的关键因素,也是很多企业在招聘员工时的重要参照标准。一个能够出色处理工作与生活平衡的人既不会像工作狂那样拼命地忠于工作,不顾生活,也不会像一个碌碌无为、毫无事业心整日混日子的小职员那样打发时光。他应是一个高效工作、精力充沛、富有生活情趣的人。

心灵悄悄话
XIN LING QIAO QIAO HUA >>>

如果感觉莫名的倦怠迫在眉睫,休假又遥遥无期,试着忙里偷闲吧。一位女作家透露她平时是如何排解倦怠的:"我偶尔请个半天假,溜去街上晃晃、逛书局或找个清幽的咖啡店想事情。在忙碌中留点空间给自己,因为塞得太满容易窒息。"

第四篇 >>>

培养快乐的心情

　　一个人无论做什么事情，没有积极健康的心理，他就很难取得成功。可以说，健康心理是一个人成功的基本条件，就像机器的零件需要维护一样，我们的心灵也需要维护，否则，我们的心灵就会退化。因此，让我们每天都有一个愉快的开始，则一天里所有的事都会变好。

　　我们发现快乐的人都是那么优雅。事实上，优雅的举止人人都可以获得。当我们对于自己的一言一行十分在意的时候，一个人的优雅就很自然地产生了。优雅使一个人从容大度，带给人的快乐无处不在。

笑对身边的闲言碎语

与人相处,无论你有多么好的素养和性格,都难免会出现彼此不合的时候。尤其是在一个人心情不好、处境不顺的情况下,更容易遇到一些人有意无意地嘲讽和苛求。

这时候,如果你严肃地追究他人的错误,感到很难过,那生活真的就会变得相当艰难了。可是,如果你学会了以柔克刚,用幽默去化解那些无形的压力,漫天阴霾就会瞬间晴朗,甚至还会出现太阳!

因此,当你不幸遭受无端的打击时,请先安静下来,不要计较那些无聊的闲言碎语,平静地分析自己与对方的差距,用乐观的态度应对别人的敌意,然后用智慧反将对方一军,这就是让闲言冷语变得可以忍受的良方。

大多时候,取得一个生活中的胜利并不需要激烈的武力,只要你懂得如何借力发挥,找到对方的破绽,就能顺利扭转局面,甚至让挑衅者不战而败。

英国作家萧伯纳年轻的时候身体很瘦弱,有一次,一个肥胖的老板当众取笑他,"我一见到你,就知道世界正在闹饥荒!"人们听了都很惊讶,等着看著名的萧伯纳如何化解这尴尬和无礼的讽刺。

只见萧伯纳彬彬有礼地点了点头说:"是呀,我一见到阁下,就知道世界闹饥荒的原因!"众人听了哄堂大笑,而那个挑起事端的老板更是窘迫得无地自容。

短短一句话，不仅有了巧妙的反驳，还有更深层、更辛辣的还击，绵里藏针，铿锵有力，让人不得不佩服萧伯纳的机敏处世。

事实上，我们在人际交往中遇到的类似问题非常多，既不能回避自己的弱点，也不能封闭别人的唇舌，但我们可以学习萧伯纳，在急智中运用幽默保全自己的尊严，这就是乐观处世的绝好典范。

每个人都要尊重别人的生活，你有你的乐趣，我有我的乐趣，大家井水不犯河水。

但是，尽管道理浅显易懂，还是有一些人喜欢嘲弄别人的短处和不幸，因此只要我们学会消除伤害的方法，对手就不会继续嚣张，也不敢对你轻慢。

除了这种正面还击外，要想不受别人情绪的影响，在大环境中求得平衡与和谐，还必须尽可能地多微笑，用幽默和乐观看待困难与麻烦，让好心情始终陪伴我们的心灵。

有一个有趣的故事，说的是甲、乙、丙三个朋友一起去旅行。当他们来到一个山谷的时候，甲失足滑落差点坠入谷底，幸亏得到乙的及时救助，保全了性命。甲非常激动，在附近的大石头上刻下了"某年某月某日，乙救了我一命"的话，然后两人便继续旅游。

接着他们来到一条河边，却因一件小事发生了争执，急性子的乙挥手打了甲一巴掌。甲非常生气，跑到沙滩上，写下了"某年某月某日，乙打了我一巴掌"的话。

当他们顺利旅游回来，丙好奇地提出了问题，问甲为什么要把乙救他的事刻在石头上，而把打他的事写在沙上。甲回答道："我会永远感激乙救我的事情，这值得终身记忆！至于他打我的事，因为这是很小的伤害，所以我将它写在沙滩上，让这件事随着浪花卷过而被彻底遗忘。"

牢记该感谢的，遗忘让自己痛苦的。

日常生活里，我们难免会产生冲突。如果你特别敏感，对这些争执感

到非常痛苦和紧张,那伤害就真的成为定局,破坏你的情绪和生活;但如果你以幽默大方的态度去处理这些冲突,那么这些伤害就会变成一个笑话,烟消云散。

因此,用什么样的态度对待这些矛盾,是决定一个人快乐还是痛苦的重要因素。而我们要提倡的,就是忘掉那些小伤害,别让它生根发芽。

发生争执时,不管谁占了上风,只要你用宽容的心谅解彼此的错误,幸福的光芒就会不离不弃地围绕在你身边。

美国前总统克林顿的妻子希拉里出版自己的自传小说时,曾经遭到一个脱口秀主持人的辛辣批评,他说:"这本书根本不可能卖得好!我敢打赌,如果销量超过100万本,我就把鞋子吃下去!"

然而,该书上市不到两个月,销量就超过100万本。好奇的人们都在热切地观望,想知道说话刻薄的主持人如何收场,是当众食言,拒绝履行诺言,还是真的品尝一下鞋子的味道。

结果出乎人们意料,希拉里竟然站出来帮这个主持人解围。希拉里送了他一个特制的鞋子蛋糕,里面放上了特制的美味香料,巧妙地化解了这场沸沸扬扬的纷争。

俄国作家契诃夫说:"有大狗,也有小狗。小狗不应该因大狗的存在而心慌意乱。所有的狗都应当叫,就让它们用自己的声音叫好了。"这个比喻听起来很粗糙,道理却很明朗。它告诉我们,来自这个世界每个角落的声音都是正常的。别人对你的议论和评定,只能代表一家之言,根本和真实的你无关。

当别人歧视你,羞辱你,让你忍不住要发怒的时候;当你感受到朋友的不交心,渐渐失望的时候;当你实在无法忍受那些尖酸刻薄的指责,正在筹谋一个复仇计划的时候……请不要立即行动!

真的,让自己冷静地思考10分钟,看看那些伤害是不是真的值得自己满腔愤怒地去回击?是不是必须树立一个敌人让自己终生难忘?

1,2,3,4……如果你能数完600下,我想,你就会在自己的反思中发现,不去理会别人的嘲讽、排挤甚至诬陷,并不是因为害怕对方,而是你无须为此付出宝贵的时间和精力。

每个人都需要空出更多的位置来接纳健康的情绪,而非那些可憎的仇视,如此我们才能营造出自己的幸福和快乐。

美国作家安德鲁·马修斯说:"一只脚踩扁了紫罗兰,它却把香味留在那脚跟上,这就是宽恕。"宽恕带给人们的,不仅是一种轻松愉悦的感受,还有对未来绝不冷却的激情。

生活中的矛盾和伤害无处不在,但你可以自由地决定它所造成的损害。多一点欢笑,多一点幽默,所有的沉重都将因此消除!

心灵悄悄话
XIN LING QIAO QIAO HUA >>>

忍耐是痛苦的,但它的结果是甜蜜的。一只脚踩扁了紫罗兰,它却把香味留在那脚跟上,这就是宽恕。

不要和别人做无意义的比较

俗话说:货比货得扔,人比人得死!

任何一个物种都有自己的特点和天生的优劣,如果只拿自己的短处去和别人的长处进行比较,除了给自己造成不必要的压力外,还会让情绪陷入消极的恶性循环中。试想,如果一株沙漠里的仙人掌要和温室里的娇兰比生存环境的优越,那么它除了沮丧失落外,还能干什么。

但是,如果仙人掌忘掉这些注定的差异,将生命的长短、旺盛以及抗干旱的耐力作为资本出现在竞技场上,它就能凭借自己别样的优秀而胜出。

人也和花草树木一样。如果一个人总是局限在自己的不足和弱点中,那么在还没打败别人之前,他就很可能被天生的差异或突如其来的悲剧等因素打败。事实上,即使暂时过得困苦窘迫,只要你不死心眼地拿别人的成功和自己比较,而是勇敢地面对现实,毫不畏惧地消除各种危难,相信最后必能迎来自己的春天。

日本的明治时代,有一个叫河村瑞贤的男子,他在成为船舶大王之前曾经不名一文,每天的工作就是收捡别人丢弃的菜叶,加工成酱菜卖给那些贫苦的劳工,以此维持生计。他的亲戚朋友都很轻视他,总是不时地奚落他,甚至直言他无法顺利结婚,看起来就和乞丐一样糟糕……

但河村瑞贤并不将别人的讥讽放在心上,也不去和那些生意做得风光的大商人比较,他只是在自己目前唯一能够胜任的位置上安静地努力。

外界的冷漠歧视越多,他憋在内心的能量就越强!他没有花费时间

理会别人的势利,更没有浪费精力羡慕别人的幸福,而是不断改进酱菜的配料和制作方法,让自己的小本生意逐渐发展起来,最后他竟然成为一家规模很大的酱菜批发厂老板,而他的产品也走进了豪门大户的家中。

有了本钱和资历的河村瑞贤继续努力,在一次又一次的尝试中,终于成功地将资金转入另外一个更赚钱的行业,成了那个时代的船舶大王。

我们在不顺利的时候,千万不要在意那些无聊而尖刻的批评,只要牢牢关注自己的目标,不因外在的打击而动摇,如此才能集中精力,改善自己的生活。

有句话说得好,没有任何东西可以阻挡思维方式正确的人实现目标,也没有任何东西可以帮助思维方式错误的人。一个人如果相信自己,并且愿意采取积极的行动激发潜能,希望就会在不远处静候他的到来。

然而,大多数人虽然明白别去和人做无谓的比较,也知道遭逢困境时应该保持一颗执着的心,但他们还是经常忍不住黯然神伤,为自己的辛苦和徒劳感到悲哀。这时候,要怎样才能消除这种消极影响,让自己的心自由起来呢?

消除无聊的比较有很多方法,但最可行的,还是要把心门打开,开阔眼界,提高目标,设定具体可行的计划,然后定时检视自己的成果,及时肯定自己的成就并自我奖励,如此才能增强自信,不再因为别人的批评而否定自我。

美国哲学家埃默森说:"伟大高贵的人最明显的标志,就是他坚定的意志,不管环境如何变化,他的初衷与希望都不会改变丝毫,最终才能克服障碍,达到企望的目的。"

有只蜗牛和蝴蝶在一次舞会上相遇。蝴蝶美丽娇艳,尽情展示婀娜的身姿,赢得了众多的关注和好评。而蜗牛因为步态笨拙,还背着一个丑陋的壳,受到了无数的冷落和嘲弄。蜗牛觉得很难过,开始抱怨起父母给它的这些遗传。

突然，天空下起了大雨！所有的小动物都四处躲闪，有的鸟儿还不慎折损了羽翼。而蜗牛呢？这时只见它惬意地缩进了自己的壳里，避开了大雨的伤害。这时，蜗牛终于不再羡慕蝴蝶的美丽，而是真诚地感谢上天赐予它的天赋。

只会羡慕别人的优势，就是一场只输不赢的买卖。

别人过得再好，你只会羡慕，是改善不了自己处境的。如果你的表现过于强烈，还可能引来别人的戒备与疏远，甚至会怀疑你的为人。

也就是说，如果跟人比较所谓的成功与财富，反而会带来更多负面的影响，那为什么不放弃比较这些，只把精神放在挖掘自己的优势上，让别人也能被你的人品所吸引，替自己创造更多的机会呢？也许有人要说，我都这么不顺利了，工作不好，薪水又低，身体又差，有什么值得炫耀和感恩的？其实，这样的想法是完全错误的！再不堪的人生，也有光彩的一面，只是被你满心的怨怒屏蔽了，需要格外用心去寻找。

美国著名诗人爱伦坡在出名之前，曾经历了难以想象的屈辱和贫困。然而，面对世人的不信任和诅咒，他和妻子仍幸福地享受二人的甜蜜爱情！别人的豪宅美食，在他的眼里都是天边飘过的浮云，只有自己充满苦涩也充满爱的小窝，才是值得他倾注关怀的美丽胜地。

富裕的人有幸福，贫穷的人也有自己的幸福！虽然完成它们的条件不一样，但是幸福的感受却没有区别。

有的时候，因为不掺杂任何物质和诱惑，那种单纯的幸福还要更珍贵一些。当妻子因为疾病离开人世后，爱伦坡把对她热烈的感情投注到了自己的文学创作中。他拿起笔和纸，一边思念着温柔贤淑的妻子，一边尽情释放自己对爱的无边赞美，完成了感人肺腑的《爱的称颂》，赢得了巨大的成功。

只会眼红、羡慕别人的幸福，是不会自动得到快乐的，只有骄傲地运用自己的优势，把力量使用在积极的奋斗中，生活才会对你露出亲切的微笑，慷慨地送给你期待已久的各种愿望。

快乐——春风得意马蹄疾

正如雨果所说："应该相信，自己才是生活的胜者！"只要你不认输，不被压力击败，你就有机会成为一个幸福快乐的人！

把别人的幸福忘掉，努力把握自己的机会，享受自己每一份真实的所得吧！

心灵悄悄话
XIN LING QIAO QIAO HUA >>>

没有任何东西可以阻挡思维方式正确的人实现目标，也没有任何东西可以帮助思维方式错误的人！

快乐源于心境

世人都在寻求快乐,但只有一个确实有效的方法,那就是控制你的思想。快乐不在于外界的情况,而是依靠内心的情况。

有人问卡耐基:"你一生中所学到的最大的教训是什么?"

他总结了一句决定你命运的话:"思想决定一生。"

不错,如果思想是快乐的,我们当然就会快乐;如果我们想的都是悲伤之事,我们就会悲伤;如果有恐惧的想法,就会心生恐惧;如果我们想的是不好的念头,我们恐怕就不得安宁了;如果想到的是失败,我们就注定要失败;如果我们总是自怜,恐怕别人都将唯恐避之不及了。诺曼·皮尔说:"你所认识的,并非真正的你;反倒是你心里想什么,你就会成为什么人。"

10月的一个夜晚,内战刚结束不久,一个无家可归的女人格洛佛太太在街上茫然游荡,她晃到一位退休船长的太太韦伯斯特太太家门口,敲门。

门开了,韦伯斯特太太看到一个可怜的瘦小女人,体重不会超过100磅,一身皮包骨。格洛佛太太解释说,她正在找个落脚处歇下来,思考并解决日夜困扰她的问题。

韦伯斯特太太说道:"那就在这里留一宿吧!这座大房子里只有我一个人。"

后来,韦伯斯特太太的女婿比尔·艾利斯刚好从纽约来此度假,发现了格洛佛太太住在家里,当即咆哮说:"我可不要一个无赖住在家里!"他

把这无家可归的女人赶出门去了。她在雨里呆站了几分钟，只好在街上找个遮蔽处。

这个故事的惊人之处是，被韦伯斯特太太的女婿赶出去的这个"无赖"，后来竟成为世界上极具思想影响力的一位女性——玛丽·贝克·艾迪，后来有几百万信徒——因为她正是基督科学教派的创始人。

不过，当时生命对她而言只是一连串的病痛、愁苦与悲伤。她的第一任丈夫在婚后不久便去世了。她又遭到第二任丈夫的遗弃，不过这第二任丈夫爱上了有夫之妇后，最后死于贫民窟。她只有一个儿子，可是因为贫病交加，不得不在他4岁时把他送给别人抚养，她失去了与她儿子的一切联系，31年来未曾再见过他。

因为自己健康情形太差，几年来她一直对自己声称的"心灵治疗科学"极感兴趣。不过，真正戏剧性的转折发生在马萨诸塞的一个寒夜里，她一个人在街上走着，却在结冰的人行道上滑倒了，摔得人事不知。她的脊椎受到重伤，引起全身痉挛。连医生都宣告她快死亡了，即使发生奇迹，她活下来也将终身瘫痪。

几乎是躺在床上等死的玛丽打开她的《圣经》，她认为是受到圣灵的引导，使她看到了《马太福音》的一段话："于是，他们带了一位不能行走的人，躺在床上来到耶稣跟前……耶稣对他说'孩子，平安吧！我已赦免你的罪……站起来——拿着你的东西回家去吧！于是那人就起身回去了'。"

后来她说，耶稣的话在她内心产生了一股力量，那是一种真正的信念，一种治愈的力量，使她"立即可以下床走路"。

玛丽说道："那次的经历，引导我发现如何治疗我自己还有别人的方法……我有科学上的把握，认为这都是人内心的力量，是一种心理现象。"

就这样玛丽创始了一种新宗教：基督科学——一位女性创立的伟大宗教信仰——现在已流行于全世界。

失明了的弥尔顿在 300 年前就发现了同样的真理："心灵，是它自己的殿堂，它可成为地狱中的天堂，也可成为天堂中的地狱。"

拿破仑与海伦·凯勒都是弥尔顿的最佳诠释者。集荣耀、权力、富贵于一身的拿破仑说道："在我的生命中，找不到 6 天快乐的日子。"反观既聋且哑又盲的海伦·凯勒却曾在她的书中写道："我发现人生是如此美妙！"

威廉·詹姆斯是实用心理学的顶尖大师，他曾有过这样的心得："行动似乎跟着感觉走，其实行动与感觉是并行的，多以意志控制行动，也就能间接控制感觉。"也就是说，我们虽然不能一下决心，就能立即改变情绪，但是我们确实可以做到改变行动。当我们改变行动时，就能自动改变感觉。他的解释是："如果你不开心，那么，能变得开心的唯一办法是开心地坐直身体，并装作很开心的样子说话及行动。"

这简单的小魔法真有效吗？你自己去试试看吧！很快地，你就会明白威廉·詹姆斯的意思——如果你的行为散发的是快乐，就不可能在心理上保持忧郁。

心灵悄悄话
XIN LING QIAO QIAO HUA >>>

当你受情绪困扰、神经紧绷时，你完全可以凭借意志力来改变你的心境，正是如此！但还不是全部，我还可以告诉你怎么做，也许要费一点事，但秘诀却很简单。

每个人都有快乐的理由

对于我们的工作和生活而言,快乐是一种能力、是一种尺度。我们用它来丈量生活的品质,丈量我们喜欢生活的程度。

快乐是一种能力。快乐和愉悦并不是一回事。一位作家曾经说过:"快乐是一种礼物,创造了绝大多数生活。愉悦则来自不计后果的狂欢,让人忘记生活。"

所有有关快乐的研究都表明,快乐的人忙碌、有活力、外向。生活在个人郁闷世界里的人会在寻找的过程中逐渐失去本我,孩子们则会全身心地投入游戏中去。当我们忘记了自己是谁,把注意力集中在正在完成的事情上时,快乐就会来临。

有人讲述了一个好学的年轻人的故事。这个学生认识了一位受人尊敬的禅宗大师,向他询问永远快乐的秘密。大师笑着拿起粉笔写道:"专心。""这就够了吗?"学生问。"专心就已经足够了,"大师说,"如果不专心,快乐就没有栖身之所;有了专心,快乐现在就在。专心是心无旁骛。专心就是一切。"

每个人都有快乐的理由,但我们总认为我们没资格快乐,或者做得还不够,还不到快乐的时候。这种等待心理的表现是我们常常说"如果……的话,我一定非常快乐,但是……",事实是我们永远也到不了那个境界。如果快乐要待实现某个目标后才能享受,人就会藏起自己的快乐,一直等到那个时刻。不幸的是,不管这愿望是关于金钱、汽车、工作或者

爱人,即使真的实现了,你却会发现自己仍然快乐不起来。当你现在所做的一切都是为了明天,生活已经失真。

很多人试图通过成功来创造快乐,是因为他们错误理解了这些东西带来快乐的质量和持续时间。新的幸福感很快就会暗淡,快乐开始变得平淡无奇,你只好又开始寻找下一个目标。

然而这并不是说我们不应该制定目标,只是鼓励大家将目标放在现在。问问自己今天可以为明天的目标做些什么,不管那目标是健康、工作成功、减肥还是别的什么。我们能控制的唯一时刻就是现在。

有一家跨国公司招聘策划总监,层层筛选后,最后只剩下三个佼佼者。最后一次考核前,三个应聘者被分别封闭在一间设有监控的房间内。房间内务和生活用品一应俱全,但没有电话,不能上网。考核方没有告知三个人具体要做什么,只是说,让几个人耐心等待考题的送达。

最初的一天,三个人都在略显兴奋中度过,看看书报,看看电视,听听音乐。

第二天,情况开始出现了不同。因为迟迟等不到考题,有人变得焦躁起来,有人不断地更换着电视频道,把书翻来翻去……只有一个人,还跟随着电视节目里的情节快乐地笑着,津津有味地看书,做饭、吃饭,踏踏实实地睡觉……

五天后,考核方将三个人请出了房间,主考官说出了最终结果:那个能够坚持快乐生活的人被聘用了。主考官解释说:"快乐是一种能力,能够在任何环境中保持一颗快乐的心,可以更有把握地走近成功!"

实际上,我们能否快乐主要取决于下面几个方面。

1. 思维模式

即看待生活的方式,也是快乐的核心。在很大程度上人的思维决定感情,所以我们可以通过"想"某些事来促进相同结果的发生,即用思想指导行为。

2. 价值观念

我们的价值观和生活规则同样非常重要。如果成功是你生活的信条,那么取得成功的基础是赚钱。这个规则——价值系统对制造快乐并没有必要。

绝大多数人继承了父母的价值观和其他一些社会行为,我们甚至在不知道它们究竟是什么的情况下就已经习惯了这些东西。如果生活的目的是为了让别人满意——很多人确实如此——那么我们首先担心自己做得还不够好,而这种想法只能带来不快、气愤、压力和疾病。过于在意外部环境会带来压力感。快乐的人是那些知道自己的目标并了解完成目标的方法的人。

3. 角色认知

平衡我们的角色对快乐来说也很重要。我们在生活中扮演着不同角色——工作的、家庭的。人们当然会更重视能得到更多承认的那个角色——工作的还是私人的。但是把自己的快乐建立在别人的角色上,只能给自己带来不快和压力。

可能你在自认为最重要的角色上表现不错,不过要记住,为此而忽视其他角色是万万不行的。我们将制造快乐的方法称作"更高使命",或者目的。一旦你知道自己想要的,明确自己的人生应该如何度过,为什么要这样度过,你就能制定目标,并采取相应步骤去实现它。

心灵悄悄话
XIN LING QIAO QIAO HUA >>>

快乐是一种礼物,创造了绝大多数生活。愉悦则是来自不计后果的狂欢,让人忘记生活。"快乐并不是不快的缺席,它是一种善待自己的能力,不管你感觉如何。"

原谅或忘记你的仇人

即使我们没办法爱我们的敌人,起码也应该多爱自己一点。我们应该不让敌人控制我们的心情、健康和容貌。

几年前的一个晚上,我游览黄石公园,并与其他观光客一起坐在露天座位上。面对茂密的森林,我们期待看到森林杀手灰熊的出现。它走到森林旅馆丢出的垃圾中去翻找食物。骑在马上的森林管理员告诉我们,灰熊在美国西部几乎是所向无敌,大概只有美洲野牛及阿拉斯加熊例外。但我却发现有一只动物,只有一只,随着灰熊走出森林,而且灰熊还容忍它在旁边分一杯羹,它是一只很臭的鼬鼠。灰熊当然知道只需一掌就能把它毁掉,那它为什么不去做呢? 因为经验告诉它划不来。

我也发现了这一点。我在农场上长大,曾在围篱旁捉到一只臭鼬。到了纽约,也在街上碰过几个两条腿的臭鼬,痛苦的经验告诉我无论招惹哪一种臭鼬,都不值得。

当我们对敌人心怀仇恨时,就是付出比对方更大的力量来压倒我们,给他机会控制我们的睡眠、胃口、血压、健康,甚至我们的心情。如果我们的敌人知道他带给我们多大的烦恼,他一定要高兴死了! 憎恨伤不了对方一根汗毛,却把自己的日子弄成了炼狱。

纽约警察局的布告栏上有这么一句话:"如果有个自私的人占了你的便宜,把他从你的朋友名单上除名,但千万不要想去报复。一旦你心存报复,对自己的伤害绝对比对别人的要大得多。"

报复怎么会伤害自己呢？有好几种方式。《生活》杂志记载报复可能毁了你的健康。《生活》杂志如是说："高血压患者最主要的个性特征是仇恨，长期愤恨造成慢性高血压，引起心脏疾病。"

耶稣说："爱你的敌人。"他可不只是在传道，他宣扬的也是 21 世纪的医术。当耶稣说"原谅他们 77 次"，他是在告诉我们如何避免罹患高血压、心脏病、胃溃疡以及过敏性疾病。

当耶稣说"爱你的敌人"时，他也是在告诉我们如何改进自己的容貌。我看过，我相信你也看过———一些人的容貌因仇恨愤懑而布满皱纹或变形。再好的整形外科也挽救不了，更远不及因宽容温柔、爱意所形成的容颜。

仇恨使我们连美食当前也食不甘味。《圣经》上是这么说的："充满爱意的粗茶淡饭胜过仇恨的山珍海味。"

如果我们的仇人知道他能消耗我们的精力，使我们神经疲劳、容颜丑化，搞得我们心脏发病提早归西，他难道不会拍手偷笑吗？

即使我们没办法爱我们的敌人，起码也应该多爱自己一点。我们不应该让敌人控制我们的心情、健康以及容貌。莎士比亚说过："仇恨的怒火，将烧伤你自己。"为了我们自己的健康与快乐，最好能原谅他们并忘记他们，这样才是明智之举。

艾森豪威尔将军的儿子说："没有，我父亲从不浪费一分钟去想那些他不喜欢的人。"

有一句老话说，不能生气的人是傻瓜，不会生气的人才是智者。

要想真正宽恕并忘却我们的敌人，最有效的办法还是诉诸比我们强大的力量。因为我们可以忘记一切的事，当然侮辱也显得无足轻重了。

第一次世界大战的时候，密西西比州中部流传的谣言说，德军将策动黑人叛变。琼斯被控策动叛乱，并将被处以死刑。一群白人在教堂外听到琼斯在教堂内说道："生命是一场战斗，黑人们应拿起武器，为争取生存与成功而战。"

"战斗!""武器!"够了!这些激动的白人青年冲入教堂,用绳索套上琼斯,把他拖了一英里远,推上绞台,燃起木柴,准备绞死他,同时也烧死他。有人叫道:"叫他说话!说话!说啊!"于是琼斯站在绞台上,脖子上套着绳索,开始谈他的人生与理想。他1907年由爱达荷大学毕业。他谈到自己的个性、学位,以及令他在教职员中受人欢迎的音乐才能。毕业时,有人请他加入旅馆业,有人愿出钱资助他接受音乐教育,都被他拒绝了。为什么?因为他热衷于一个理想。受到布克·华盛顿的故事的影响,他立志去教育他贫困的同胞兄弟。于是他前往美国南方所能找到的最落后地方,也就是密西西比州的一个偏僻地方,把他的手表当了1.65美元,他就在野外树林里开始办学校。琼斯面对这些准备处死他的愤怒人们,诉说自己如何奋斗,为教育这些失学的孩子,想将他们训练成有用的农人、工人、厨子与管家。他也告诉这些白人,在他兴学的过程中,谁曾经帮助过他——一些白人曾经送他土地、木材、猪、牛,还有钱,协助他完成教育工作。

事后,有人问琼斯恨不恨那些拖他准备绞死、烧死他的人,他的回答是,他当时忙着诉说比自己更重大的事,以致无暇憎恨。他说:"我没空争吵,也没时间反悔,没有人能强迫我恨他们。"

听到琼斯如此真诚动人的谈话,特别是他不为自己求情,只为自己的使命求情时,暴民们开始软化了。最后有个老人说:"我相信这年轻人说的是真的,我认得他提到的几个人。他在做善事,是我们错了。我们不应该吊死他,而应该帮助他。"老人开始在人群中传帽子,向那些想吊死琼斯的人募了52美元,因为琼斯说:"我没空争吵,也没时间反悔,没有人能强迫我恨他们。"

从赫登的《林肯传》中可以看出,,林肯"从不依自己的好恶去判断人。他总是认为他的敌人也像任何人一样能干。如果有人得罪他,或对他不逊,但却是最合适的人,林肯还是会请他担任该职位,就像对朋友一样毫不犹豫……我想他从未因为个人的反感,或是他的政敌而撤

换一个人"。

林肯委任相当高的职位给曾侮辱过他的人——包括麦克兰、史瓦德、史丹顿以及蔡斯。按赫登的说法，林肯相信"没有人应因其作为受到赞扬或责难，因为我们每一个人都受到教育的条件及环境所影响，我们所形成的习惯与特征造就了我们的目前及未来"。

也许林肯是对的。如果你我像我们的敌人一样承袭了同样的生理、心理及情绪的特征，如果我们的人生也完全一样，我们可能会作出跟他们完全一样的事，因为我们不可能会做出别的。让我们以印第安人的祈祷词提醒自己："伟大的神灵！在我穿上别人的鹿皮靴走上两星期路以前，请帮助我不要判断与批评他人。"因此与其恨我们的敌人，让我们还是怜悯他们，并感谢上天没有让我们跟他们一样经历同样的人生。与其诅咒报复我们的敌人，何不给他们谅解、同情、援助、宽容以及为他们祈祷。

我是在一个每晚念《圣经》并作睡前祈祷的家庭中长大的。我还仿佛听到我父亲在孤单的密苏里农家中，念着耶稣说过的话，只要人们还重视这个理想，就会继续引用这段话："爱你的敌人，祝福那些诅咒你的人，善待仇恨你的人，为迫害你的人祈祷。"

我父亲一生都在说耶稣的这段话，它们赐给他内心的平安，这个世界上许多有权有势的人都无缘享有这样的平安。

心灵悄悄话
XIN LING QIAO QIAO HUA >>>

要想真正宽恕、忘却我们的敌人，最有效的办法还是诉诸比我们更强大的力量。永远不要对敌人心存报复，那样对自己的伤害将大于对别人的伤害。

对人施恩，勿望回报

忘记感谢乃是人的天性，如果我们一直期望别人感恩，多半是自寻烦恼。

要想真正的快乐，就必须抛弃别人会不会感激的念头，只享受付出的快乐。

一个义愤填膺的人，有人警告我碰到他 15 分钟内就一定会谈起那件事，果然如此。令他气愤的事发生在 11 个月前，可是他还是一提起就生气。他简直不能谈别的事。他为 34 位员工发了 10000 美元圣诞节奖金——每人差不多 300 美元，结果没有一个人谢谢他。他抱怨说："我很遗憾，我居然发给他们奖金。"

一位圣人说过："一个愤怒的人，浑身都是毒。"我衷心同情面前这位浑身是毒的人。他 60 岁了。人寿保险公司统计我们还能活着的年数平均是目前年龄与 80 岁之间差数的 2/3。这位仁兄——如果他够幸运——大概还可活十四五年。结果他浪费了有限的余生中的将近一整年，而为过去的事愤恨不平，我实在同情他。

除了愤恨与自怜，他大可自问为什么人家不感激他。有没有可能是因为待遇太低、工时太长，或是员工认为圣诞奖金是他们应得的一部分。也许他自己是个挑剔又不知感谢的人，以致别人不敢也不想去感谢他。或许大家觉得反正大部分利润都要缴税，不如当成奖金。

不过反过来说，也可能员工真的是自私、卑鄙、没有礼貌。也许是这

样,也许是那样。我也不会比你更了解整个状况。我倒是知道英国约翰逊博士说过:"感恩是极有教养的产物,你不可能从一般人身上得到。"

我的重点是,他指望别人感恩乃是一项一般性的错误,他实在不了解人性。

如果你救了一个人的性命,你会期望他感恩吗? 你可能会。可是塞缪尔·莱博维茨在他当法官前曾是位有名的刑事律师,曾使 78 个罪犯免上电椅。你猜猜看其中有多少人曾登门道谢,或至少寄个圣诞卡来? 我想你猜对了——一个都没有。

如果跟钱有关,那就更没指望啦! 查尔斯·舒瓦伯告诉我,他曾帮助过一位银行出纳,这位银行出纳挪用银行基金去做股票而造成亏损,舒瓦伯帮他补足金额以免吃官司,这位出纳员是否感谢他呢? 是感谢他,但只是一阵子,后来他还跟这位救过他的人作对,就是这位曾经救他脱离牢狱之灾的人。我们应该像一位最有智慧的罗马帝王马库斯·阿列留斯一样,他有一天在日记中写道:

"我今天会碰到多言的人、自私的人、以自我为中心的人、忘恩负义的人。我也不必惊讶或困扰,因为我还想象不出一个没有这些人存在的世界。"

他说的不是很有道理吗? 我们天天抱怨别人不会知恩图报,到底该怪谁? 这是人性。所以不要再指望别人感恩了。如果我们偶尔得到别人的感激,就会是一个惊喜。如果没有,也不至于难过。

忘记感谢乃是人的天性,如果我们一直期望别人感恩,多半是自寻烦恼。

一位住在纽约的妇人,一天到晚抱怨自己孤独。没有一个亲戚愿意接近她,而我也不怪他们。你去看望她,她会花几个钟头喋喋不休地告诉你,她侄儿小的时候,她是怎么照顾他们的。他们得了麻疹、腮腺炎、百日咳,都是她照看的,他们跟她住了许多年,还资助一位侄子读完商业学校,直到她结婚前,他们都住在她家。

这些侄子回来看望她吗？噢！有的！有时候完全是出于义务性的。他们都怕回去看她，因为想到要坐几个小时听那些老调。无休无止的埋怨与自怜永远在等着他们。当这位妇人发现威逼利诱也没法叫她的侄子们回来看她后，她就剩下最后一个绝招——心脏病发作。

这心脏病是装出来的吗？当然不是，医生也说她的心脏相当神经质，常常心悸。可是医生也束手无策，因为她的问题是情绪性的。

这位妇人需要的是关爱与注意，但是我以为她要的是"感恩"，可惜她大概永远也得不到感激或敬爱，因为她认为这是应得的，她求别人给她这些。

有多少人都像她一样，因为别人都忘恩负义，因为孤独，因为被人疏忽而渴望被爱，但是在这世上真正能得到爱的唯一方式，就是不索取，相反地，还要不求回报地付出。

这听起来好像太不实际、太理想化了，其实不然，这是追求幸福的最好的一种方法，我知道，因为我亲眼见到我家庭中发生的状况。我的父母乐于助人，我们很穷，所以老是窘于欠债，可是虽然穷成那样，我父母每年总是能挤出一点钱寄到孤儿院去。他们从来没有去拜访过那家孤儿院，可能除了收到回信外，也从来没有人感谢过他们，不过他们已有所回报，因为他们享受了帮助这些无助小孩的喜悦，并不希冀任何回报。

心灵悄悄话
XIN LING QIAO QIAO HUA >>>

追求真正的快乐，就必须抛弃别人会不会感恩的念头，只享受付出的快乐。

做真正的自己

保持自我本色这一问题，"与人类历史一样久远了"。詹姆士·戈登·基尔凯医生指出"这是全人类的问题"。很多精神、神经心理方面的问题，其隐藏的病因往往是他们不能保持自我。安吉罗·派屈写过 13 本书，还在报上发表了几千篇有关儿童训练的文章，他曾说过："一个人最糟的是不能成为自己，并且在身体与心灵中保持自我。"

可是这种模仿他人的现象在好莱坞就相当严重。好莱坞著名导演山姆·伍德曾说过，最令他头痛的事是帮助年轻演员克服这个问题，保持自我。他们每个人都想成为二流的拉娜·特勒斯或三流的克拉克·盖博。"观众已经尝过那种味道了，"山姆·伍德不停地告诫他们，"他们现在需要点新鲜的。"

山姆·伍德在导演《别了，希普斯先生》和《战地钟声》等名片前，好多年都在从事房地产，因此他培养了自己的一种销售员的个性。他认为，商界中的一些规则在电影界也完全适用。完全模仿别人绝对会一事无成。"经验告诉我，"山姆·伍德说，"尽量不用那些模仿他人的演员，这是最保险的。"

求职者所犯的最大错误是什么？保罗·伯恩顿是一家石油公司的人事主任，他面试过的人超过 6000 人，也写过一本《求职的六大技巧》，所以对这个问题他应该知道得很清楚。他回答说："求职者所犯的最大错误，就是不能保持自我。他们常常不坦诚地回答问题，只想说出他认为你想听的答案。"可是那一点用也没有，因为没有人愿意听一种不真实的、虚伪的东西。

凯丝·达莱是一位公共汽车驾驶员的女儿,她想当歌星,但不幸的是她长得不好看,嘴巴太大,还长着龅牙。她第一次在新泽西的一家夜总会里公开演唱时,一直想用上唇遮住牙齿。她企图让自己看起来显得高雅,结果却把自己弄得四不像,这样下去她就注定要失败了。

幸好当晚在座的一位男士认为她很有歌唱的天分,他很直率地对她说:"我看了你的表演,看得出来你想掩饰什么,你觉得你的牙齿很难看?"那女孩听了觉得很难堪,不过那个人还是继续说下去,"龅牙又怎么样? 那又不犯罪! 不要试图去掩饰它,张开嘴就唱。你越不以为然,听众就会越爱你。再说,这些你现在引以为耻的龅牙,将来可能会带给你财富呢!"

凯丝·达莱接受了那人的建议,把龅牙的事抛之脑后,从那次以后,她只把注意力集中在观众身上。她开怀尽情地演唱,后来成为电影及电台中走红的顶尖歌星。现在,别的歌星倒想来模仿她了。

既然你我都有这么多未加开发的潜能,又何必担心自己不像其他人。你在这世上是独一无二的。以前既没有像你一样的人,以后也不会有。遗传学告诉我们,你是由父亲和母亲各自的 23 条染色体组合而成,这 46 条染色体决定了你的遗传,每一条染色体中有数百个基因,任何单一基因都足以改变一个人的一生。事实上,人类生命的形成真是一种令人敬畏的奥妙。

即使你父母相遇相爱孕育了你,也只有三百万亿分之一的机会有一个跟你完全一模一样的人,也就是说,即使你有 300 万亿个手足,他们也都跟你不同。这只是猜测吗? 当然不是,这完全是科学的事实。如果你不相信,那就读读这方面的书。

做你自己! 这也是美国作曲家欧文·柏林给后期的作曲家乔治·格希文的忠告。柏林与格希文第一次会面时,柏林已声誉卓著,格希文却只是个默默无闻的年轻作曲家。柏林很欣赏格希文的才华,以格希文所能

赚的 3 倍薪水请他做音乐秘书。可是柏林也劝告格希文："不要接受这份工作，如果你接受了，最多只能成为个欧文·柏林第二。要是你能坚持下去，有一天，你会成为第一流的格希文。"

当玛丽·马克布莱德第一次上电台时，她试着模仿一位爱尔兰明星，但不成功。直到她以本来面目——一位由密苏里州来的乡村姑娘的身份播音时——才成为纽约市最红的播音明星。

吉瑞·奥特利一直想改掉自己的得州口音，打扮得也像个城市人，他还对外宣称自己是纽约人，结果只能招致别人背后的讪笑。后来他开始重拾三弦琴，演唱乡村歌曲，才奠定他在影片及广播中最受欢迎的牛仔的地位。

你在这个世界上是一个崭新的自我，为此而高兴吧！善用你的天赋。归根究底，所有的艺术都是一种自我的体现。你只能唱你自己、画你自己。

爱默生在他的短文《自我信赖》中说过："一个人总有一天会明白，忌妒是无用的，而模仿他人无异于自杀。因为不论好坏，人只有自己才能帮助自己，只有耕种自己的田地，才能收获自家的玉米。上天赋予你的能力是独一无二的，只有当你自己努力尝试和运用时，才知道这份能力到底是什么。"

心灵悄悄话
XIN LING QIAO QIAO HUA >>>

你的经验、环境和遗传造就了你。不管好坏，你只有好好经营自己的小花园；也不论好坏，你只有在生命的管弦乐中演奏好自己的一份乐器。

焕发热忱的能量

热忱的威力是不容被低估的。爱默生曾经说过："每一个伟大的时刻，都是热忱凯旋的时候。""没有一桩丰功伟业能缺乏热忱。"

许多人失败并不是因为他们缺乏才智、能力、机会或天分，而是因为他们并没有尽力去处理问题。

热忱的重要性绝不亚于卓越的能力与努力地工作。我们都认识一些聪明但一无所成的人，也总认识一些辛勤工作但一事无成的人。青年人应该记住，只有热爱工作、投入工作且满怀热忱的人才能有所成就。

热忱有一种特性，那就是它具有感染力，并且能令人有反应。不论在教室里或其他活动中，都是一样的。就算是冰上曲棍球比赛，也同样需要热忱。如果你自己对一个想法或计划不够热忱，别人更不可能有热忱。如果公司领导人自己不能全心热忱地相信公司的目标与方向，就不要指望员工、顾客或股市会相信它。想使任何人对一个想法或是一个计划、一个活动兴奋起劲的最好办法，就是你自己要先兴奋起来，而且要把你的兴奋表现出来。

汤姆·德尔夫最近在加州一家进口公司考尔佛电子销售公司找到了一份业务员的工作。按照公司历来的做法，公司交给汤姆·德尔夫一份很难缠的潜力客户名单。其中有一家公司以前是汤姆·德尔夫公司的大客户，但是却在多年前停止往来了。汤姆·德尔夫说："我决定把跟他们做成生意当作是我个人的一项挑战。这表示我得先说服老板我可以把这家公司扳回来。他本来不太肯定，但是他不想浇我的冷水。于是他允许

我去拜访那家客户。"

汤姆·德尔夫既已把赢回这家客户当作自己的使命,于是他提供了保证价,缩短交货期,并允诺更好的服务。他向那位采购处长表示考尔佛公司"将会做一切令你们满意的事"。

当汤姆·德尔夫第一次与采购处长面对面谈话时,他的热忱就扮演了重要的角色。他面带微笑地走进会客室,并说道:"很高兴能再回来,让我们一起来共同合作。"

汤姆·德尔夫从来没有想过他可能无法成交。他完全忽略他的公司已经丢掉了这个客户的事实。他以最高昂热忱的态度说服他的客户,考尔佛公司已准备好再为他们服务。

"后来,采购处长告诉我们老板,他们考虑我们的唯一理由是因为我的热忱。他们的订单后来一年有50万美元的利润。"

热忱,可以保养灵魂,培养并发挥热忱的特性,我们就可以对我们所做的每件事情加上火花和趣味。

有一位管理人员说:"这些成功者与失败者,他们的能力与聪明才智其实差异不大。"纽约中央铁路公司总裁佛多利威尔森说:"如果两个人各方面条件都相近,那么,更热忱的那一位一定更快达到成功。一个能力平庸但是很热忱的人,往往会胜过能力杰出却缺乏热忱的人。"

热忱是一把火,它可燃烧起成功的希望。要想获得这个世界上的最大奖赏,你必须像过去最伟大的开拓者那样将梦想转化为全部有价值的献身热情,来发展和销售自己的才能。

卡耐基在加州一家饭店投宿,侍者是一位墨西哥人,他说着一口吞吞吐吐不流畅的英语:"早安!早安!早安!"奇怪的是,他重复了三次问安,却不显得啰唆,反而让人觉得很舒心。

他用那种墨西哥人独有的热情深深地感染了卡耐基,他满面春风地告诉我,他有一份好工作,而且身在美国。接着他满怀热情地为我倒咖啡,同时又很友好地同我谈论天气:"对啊!不过下雨也很好,雨水可以

让草地青翠,而且花草树木也都需要雨水,不是吗?"

最聪明和最热忱的人能更快地得到工作和做出成绩。要满怀热忱,将你自己奉献给积极的人生,你将会惊讶人们有多么想要雇用你。

激情增加一盎司,我们的人生就会大不一样。

著名人寿保险推销员弗兰克·贝特格在他的自传中,向我们充分诠释了这一点:

"在我刚转入职业棒球界不久,我就遭到了有生以来最大的打击——我被开除了。理由是我打球无精打采。老板对我说'弗兰克,离开这儿后,无论你去哪儿,都要振作起来,工作中要有生气和热情'。这是一个重要的忠告,虽然代价惨重,但还不算太迟。于是,当我进入纽黑文队时,我下定决心在这次联赛中一定要成为最有激情的球员。

"从此以后,我在球场上就像一个充足了电的勇士。掷球是如此之快、如此有力,以至于几乎要震落内场接球同伴的手套。在烈日炎炎下,为了赢得至关重要的一分,我在球场上奔来跑去,完全忘了这样会很容易中暑。第二天早晨的报纸上赫然登着我们的消息,上面是这样写的'这个新手充满了激情并感染了我们的小伙子们。他们不但赢得了比赛,而且看来情绪比任何时候都好'。那家报纸还给我起了个绰号叫'锐气',称我是队里的'灵魂'。三个星期以前我还被人骂作'懒惰的家伙',可现在我的绰号竟然是'锐气'。

"于是我的月薪从 25 美元涨到 185 美元。这并不是我球技出众或是有很强的能力,在投入热情打球以前,我对棒球所知甚少。除了'激情'还有什么能使我的月薪在十天内竟上升 700% 呢?"

"退出职业棒球队之后,我去做人寿保险推销工作。在 10 个月令人沮丧的推销之后,我被卡耐基先生一语惊醒。他说'贝特格,你毫无生气的言谈怎么能使大家感兴趣呢'。我决定把我加入纽黑文队打球的激情投入到推销员的工作中来。有一天,我进了一个店铺,鼓起我的全部热情试图说服店铺的主人买保险。他大概从未遇到过如此热情的推销员,只

见他挺直了身子，睁大眼睛，一直听我把话说完。最终他没有拒绝我的推销，买了一份保险。从那天开始，我真正地展开推销工作了。在12年的推销生涯中，我目睹了许多的推销员靠激情成倍地增加收入，同样也目睹更多人由于缺少热情而一事无成。"

弗兰克·贝特格在事业上有所成就，与其说取决于他的才能，不如说取决于他的激情。凭借激情，他在烈日当空的酷热中超常发挥；凭借激情，他说服了自己的客户，最终创造出不凡的成就。

心灵悄悄话
XIN LING QIAO QIAO HUA >>>

如果两个人各方面条件都相近，那么更热忱的那一位会更快达到成功。一个能力平庸但是很热忱的人，往往会胜过能力杰出却缺乏热忱的人。

第五篇 >>>

让潜能在勇敢中激发

生活就是一个绚烂的舞台，每个人都扮演不同的角色。当你用勇者、智者的身份亮相时，会因为社会赋予你的责任而努力表现，如此你才能获得荣耀和掌声。无论做什么事，只要抱着绝无退路的决心，就能激发内心的潜能，勇敢地应对遭遇的各种困难和压力。每个人都有可以挖掘的潜能，并且有创造生活的无限潜能，而大多数人只发挥了其中的一小部分。这是因为，很多时候人们没有将自己放在置之死地而后生的境地，没有破釜沉舟的勇气，没有那种一定要成功的强烈愿望。

每个人都有自己的使命

美国哲学家埃默森曾经说过："每个人都有自己的使命,他的才能就是上帝对他的召唤!"

是的,无论显赫人物还是无名小卒,任何时候都不要轻易发出哀叹,抱怨自己一无是处。在这个大千世界里,即使一个人真的平凡如瓦砾,也有自己的优势和长处,也有自己的位置和作用。而且,一个人的青春和健康就是最宝贵的财富,只要你不懈地努力,就能创造出令众人惊叹的奇迹。

只要你还活着,你就是一个战场上的将军! 如果你能谈笑风生地应对那些挫折和伤害,并运用自己独特的能力,相信你必定能书写出一个特别的结局,一个让你感受到生命价值的好结果。

一个人一种命运,只要努力,都能赢得欢笑和掌声。

19 世纪末,一个男孩降生在一个贫穷的犹太人家里。随着年龄的增长,父母发现他个性懦弱,敏感多虑,丝毫不具备男子汉的英勇气质。同时,这个孩子似乎天生就对外界充满了恐惧,随时都在用一种防御的态度进行回避。可以这么说,这个男孩几乎让所有人感到失望,在他身上,似乎看不到一点点明显的优势。

父亲为此异常恼怒,企图用粗暴的斯巴达教育方式对儿子进行重塑。但这样苛刻的训练并未达到效果,反而使男孩陷入了更严重的自卑和寂寞中。然而,当他某天从文学的世界里看到了一丝光亮,感觉那里有冲破自己宿命痛苦的力量时,他突然非常激烈地坚持了起来,他一样一样地放

弃了父母让他成为律师、士兵……各种角色的安排。他开始挖掘属于自己的本质和使命，拿起一支不起眼的笔，沉浸在一个不为人所理解的世界里。

很多年以后，他写下了《变形记》《城堡》《审判》等不朽的名著，让自己成为举世闻名的人。他就是奥地利文学家卡夫卡！

相信自己的能力，充分运用自己的天赋，一定可以改变自己的命运！

事实上，大多数人生来就是平凡甚至弱小的。那种平凡，俨然就是横亘在人生道路上的障碍。如果你毫不挣扎地接受这种安排，那么你未来的发展肯定会由别人来主导，你将失去自主的权利；如果你认识到自己的使命，愿意穿越那些荆棘，愿意把潜力激发出来，并不断自我升级，那么你有一天必能一鸣惊人，成为世人羡慕的佼佼者。

卡夫卡要是没有按照自己的禀赋去发展，黯然认同父母或其他人的看法，那么他的人生肯定会被淹没在无穷无尽的阴影里。幸好他在关键时刻抛弃了懦弱和多虑，勇敢而执着地带着自己的理想出发，最后他才能在努力地耕耘后收获成功和喜悦。

每个人都可能是被隐藏的英雄和传奇，只要你坚信自己的才能，一样可以跟命运拼搏，如此你所做出的选择就会是积极的、有生命力的。能力大的时候做大事，能力小的时候做小事。只要你肯做，就一定有机会。

现实生活中，只有少数幸运的人能获得成功，但是这并不意味着他们具有特别的优势。然而他们最终还是取得了辉煌的成就，他们靠的就是永不放弃的勇气，还有天生的使命与禀赋。

美国黑人威玛·鲁道夫是1960年罗马奥运会的女子短跑冠军，被誉为当时世界上跑得最快的女人。可是，在她手捧鲜花和奖杯时，你可知道她背后的坎坷历程，知道她为这个时刻付出了多少汗水与辛劳吗？

让人意想不到的是，威玛·鲁道夫幼年时曾经因为患了小儿麻痹症而导致半边身体失去感觉，造成她行走运动都很不便。这样的打击和痛

楚让她产生了强烈的自卑感,所以她根本不愿意和那些活蹦乱跳的同龄小孩一起玩耍,而是将自己终日封闭在狭窄的房间里。

有一次,威玛·鲁道夫和自己唯一的朋友——邻家失去了一只胳膊的老人在散步的时候,听到了幼儿园传来美妙的歌声。老人禁不住说:"嘿,真是太好听了,我们也来鼓掌吧!"

鲁道夫对这样的提议有些惊讶,于是她不解地说"我的胳膊无法动,而你的胳膊只有一个,我们怎么鼓掌?"

老人笑起来,将手放到了胸前,发出了一阵特别的掌声。

不和别人比较自己没有的东西,主动发现自己的个性和优势,这才是正确的选择。

鲁道夫在那一刻突然受到了巨大的感召,她觉得自己失去的健康只是被暂时隐蔽起来,如果愿意去寻找,它还是可以回到身边的。

于是,鲁道夫开始积极配合医生的治疗,再也不去计较康复中遇到的困难和疼痛,在她一次又一次加强对自己的训练下,她最终奇迹般地丢掉拐杖,站了起来!紧接着,她又展开了长跑训练,并从那风一样驰骋的加速中体会到生命的珍贵。

这个一开始被上帝恶作剧藏起了健康的女孩,从自己的字典里删去了不可能,依靠仅存的一点坚持和信念,戏剧性地改变了自己人生的轨道,成就了一个奇迹,令人感动佩服。

一个人如果发现自己没有能力去做大事,可以先将目标缩小。先从改变自身开始行动,如此才能循序渐进地改变大环境。

不管别人如何看待你,努力使自己生活得快乐一点,然后去感染周围的人,使他们也在变化中得到愉悦,如此就是实现了自己的价值。

波兰科学家居里夫人说:"我们应该有恒心,尤其要自信。我们必须相信,我们的天赋是用来成就某件事情的,无论代价多大,这件事情必须做到!"

人是世上唯一懂得寻找生命意义的动物,当你感到茫然和困惑的时

候,其实你就是在经历成长和改变。

在你年幼时,面对的是一个确定的目标,如学业、功课、分数、奖牌……只要付出了努力,基本上都能收获一定成果,所以你不会感到太大的压力。然而,一旦我们长大,渐渐独立,很多时候我们面临的是一种不确定的结果,即使你苦了、累了、筋疲力尽了,有可能还是一无所得。这个时刻,摆脱对悲观的依赖,发现自己的优势,用一种积极乐观的态度坚持下去,就显得异常重要。

只有能理智分析自己优势的人,才能理解自己的使命,才会在任何地方都把自信和勇敢带在身边,鼓励自己不断努力,从而消除障碍,实现自己的价值!

心灵悄悄话
XIN LING QIAO QIAO HUA >>>

我们应该有恒心,尤其要自信! 我们必须相信,我们的天赋是用来成就某件事情的,无论代价多大,这件事情必须做到。人的一生中,最光辉的一天并非功成名就那天,而是从悲叹与绝望中产生对人生的挑战、以勇敢迈向未来的那天。

让目标像射出的箭

微软公司总裁和首席软件设计师比尔·盖茨说:"命运中总是充满了不可捉摸的变量。无论遇到什么不公平——不管它是先天的缺陷,还是后天的挫折,都不要·冷惜自己,而是要咬紧牙关挺住,然后像狮子一样勇猛向前。"

很多人在做事的时候,由于害怕犯错或意外,所以总是会预先给自己留一条退路。表面上看来,这样的举动似乎可以缓解压力,让你轻松前行。而实际上,由于精气神不够集中,这样的心理暗示就会潜伏在心里,悄悄地发挥破坏的作用,导致你不战而败。

因此,当你整装待发的时候,千万不要先给自己找退缩的理由和借口。请尽最大努力去消除障碍,让目标一一实现。

实现任何一个目标的过程都是艰辛的,都需要付出代价。只有知难而进、一鼓作气地战斗,对确定的目标坚韧执着,未来才会按照计划一点点地清晰起来。

秦朝末年,秦二世派大将章邯攻打赵国,赵军寡不敌众,退守在巨鹿等待救援。楚怀王派项羽等人前去帮助赵国。项羽率领二十万楚军顺利渡过漳河后,为了鼓舞士兵们必胜的决心,下令军士们饱餐一顿,每人再带三天干粮,然后将渡河的船凿穿沉入河里,并且把做饭用的锅砸个粉碎,把附近的房屋也放火烧掉,告诉大家此去有进无退,一定要取胜。

看到主帅的决心这么大,所有的士兵也都竭尽全力积极作战,以一当十,以十当百,与秦军展开了激烈的奋战。经过连续九次冲锋,他们把三

十万秦军打得落花流水,这就是历史上著名的破釜沉舟的故事。

事实上,如果能全神贯注于一个目标,并由此生出坚强的自信,就能够克服那些险阻。要是自己的心里已经有了消极的想法,那么这些想法自然就会影响你的行动,让你无法尽全力解决问题。

这个时候,除了将最好的一面呈现出来,你也会期许自己能站在更显贵的位置,永远获得众人的尊重。但是,一旦觉得没有必要继续努力,开始偷懒时,那你的处境也就危险起来,你随时可能被其他努力认真的角色代替。这是铁定的规律,一点也不让人吃惊。

如果你一开始就放弃了,那么,就回家去做一个悲情诗人吧!继续感叹人世庸俗、世态炎凉、人心不古……如此一来,只会更让人轻视。

在这个世界上,没有不劳而获的事。若不努力付出,不为社会和家庭奉献,那么你就很难得到人们的尊重和热爱。只有在生活中孜孜不倦地寻找自己的目标,并把自己变成一个信念坚定的人,才会得到永恒的思念和爱戴。

《圣经》说:上帝拯救那些自救的人。所以,做任何事都不应半途而废。只有一开始就坚信"胜利贵在坚持"的人,才能在饱尝无数失败的苦果后依然站起来前行。当别人嘲笑自己的时候,请不要因此而否定自己,而是应该勇敢、快乐地朝着目标前进,去领取属于自己的光荣。

美国著名的长跑运动员格林·克宁汉曾经创造了一个奇迹。他在8岁时被大火烧伤,经医院抢救后虽然脱离了生命危险,却被医生宣告从此再也无法行走。然而,面对绝望难过的父母,克宁汉却毫不屈服地发誓:"我一定要站起来!"

在病床上躺了两个月后,克宁汉就尝试下床运动。为了练习自己的腿力,他决定不靠轮椅与拐杖的帮助。于是他拖着无力的双腿,用双肘在草地上匍匐前进,然后爬到了篱笆墙边练习走路。

每一天,即使痛得难以忍受,即使汗水打湿了衣衫,他都要求自己练

习正常走路的姿势数小时,丝毫不给自己任何机会偷懒。就这样日复一日地坚持着,最后,他的双腿竟然痊愈了,恢复了所有的运动功能。

后来,格林·克宁汉和所有正常的孩子一样生活,一样进入大学读书,他还被选进了田径队,最后还跑出了全世界最好的成绩。

不给自己后退的理由,就是给了自己前进的能量。

在任何状态下都以积极的态度对待生活,努力不懈地进取,可以使一个平凡的人成就惊人的奇迹!

心灵悄悄话
XIN LING QIAO QIAO HUA >>>

所以,抱怨和仇恨都是没用的。只有不断上进,让自己进步,让别人看到自己的实力和优势,并抱着不肯退缩的勇气和充分的准备,才有上台继续竞技的可能。

不要一条鱼，而要一张网

尽管失败和挫折等待着人们，一次次地夺走青春的容颜，但却给人生的前景增添了一份尊严，这是任何顺利的成功都不能做到的。

每个人都希望能够得到足够的帮助！

有这么一个故事，讲的是两只小兔子到别人家做客，吃到了美味的番薯。小白兔急忙找主人要了满满一车运回家，小黑兔却向主人要了一袋薯藤带回家。半路上，小白兔一边嘲笑小黑兔老实愚蠢，一边夸耀自己的聪明，非常得意。

几个月过去了，小白兔的番薯全部吃完了，每天只有一边流着口水，一边懊恼怎么不多带一点回来。而小黑兔将薯藤培植在土里，辛勤地耕耘，安静地等待和照料之后，收获了满满一园子的番薯，想什么时候吃就什么时候吃，想吃多少就吃多少，一点也不用担心库存不够，生活过得别提有多么惬意！

小白兔眼红了，急忙跑去请求帮助。没有想到，一向好脾气的小黑兔却拒绝给它现成的番薯，而是拿出准备好的薯藤送给它，并说："这里面装的，才是永远都吃不完的番薯！味道也更奇特！"

为了吃到番薯，气呼呼的小白兔也开始了挖土、种植、施肥、灌溉。没过多久，它终于如愿以偿。当它激动地捧起丰收的番薯时，突然醒悟地说道："小黑兔才是我真正的好朋友！它让我自己去劳动，去收获，而不是施舍我，原来，这就是番薯里面最奇特的滋味啊！"

这虽然是一个小故事,却显示了一个重要的道理:再多的帮助和馈赠都是有限的,只有提高自己再创造、再生产的能力,才能享受真正的富足。

现实生活中,失意的人、落魄的人、事业遭到重大挫折的人,其实就和故事里的兔子一样,当各种需要来临的时候,你必须清楚自己的需求。你是想要得到短暂的安慰和满足,还是想得到一个可以把握的机会和实际的帮助? 是想用别人的力量暂时脱离困境,还是付出劳动,赢得有尊严和体面的人生?

很多人在遭遇困难与阻碍时,经常是还没有尽到最大的努力,就在心里默默地盼望天降奇迹,或者盼望贵人扶持……然而,这些期望实现的概率实在太小了,不仅无法让你摆脱迷惘和困局,还会让你的心态变差,让你浮躁、怨恨、焦虑,没有耐心和毅力去开创属于自己的那份成果。

著名的美国黑人民权领袖马丁·路德·金说:"我们必须接受失望,因为它是有限的,但千万不可失去希望,因为它是无穷的。"

当你的经济陷入拮据,短暂的借款虽然可以帮你渡过难关,但未来的生活还是需要你实际工作才能有所改观;当你的工作陷入僵局,一个上司的格外青睐能让你躲过中伤,但将要执行的各种计划,还是需要你具体而谨慎地去操作才能顺利完工;当你的家庭陷入矛盾纷争,另一半的沉着冷静或许能让纷争终止,但日常的生活中还有许多大小不同的琐事需要你配合协助……

一次的帮助,一次的满足,难道真的可以让生活进入正轨,然后一帆风顺吗?

没有任何帮助可以一次解决所有问题! 生活其实就像在捕鱼,捕鱼人要的不是一条鱼,一条只能解决一次饥饿的鱼,而是要一张能够让自己去捕获大鱼、小鱼甚至是虾米的网,一张能让人自给自足、长期摆脱饥饿的网!

孟加拉国银行家穆罕默德·尤努斯,因为创办格莱珉银行(Grameen Bank,孟加拉国语为农村银行),倡导授人以渔的理念,帮助社会底层的

穷人自食其力,通过学习技术或经营小本买卖,用劳动赢得生存空间和做人的尊严。他的这种做法让他得到了国际社会的高度评价,并获得2006年的诺贝尔和平奖。

尤努斯本人的生活十分富足,但是他怀着一颗仁慈和敏锐的心,走出优雅的课堂和经济理论的教条,站在"真正消除贫穷带来的仇恨,让人有尊严地快乐生活"的角度进行社会调查。他发现许多专为穷人服务的机构并不能让人变得自给自足,只能让穷困降低到可以被容忍的程度,而那些受助人也几乎享受不到这种变化带来的真正幸福。就好像一个垂危的病人,在一天的时间里只可以呼吸几个小时,余下的时间将由别人提供氧气。虽然病人已经得到了关注,但他必须依赖别人的怜悯和责任心而存活,一旦中途遭到遗忘或者意外,他的生命就会因为缺乏援助而无奈地终结。

不管是需要帮助的人,还是有能力去帮助人的人,都应该懂得授人以渔的效果远远大于授人以鱼。

如果把别人对自己的帮助比喻为输血,那么自己对自己的帮助就可以算是造血。严格地说,输血的功效是立竿见影的,但也是短期的;造血的功效则受到时间和环境的制约,虽然相对要艰难些,却是最根本的长期解决方法,并且可以让人在实现这个目标的过程中找到自信和自尊,主动掌握自己的命运。

日本喜剧艺人岛田洋七在回忆童年生活的自传体小说《佐贺的超级阿嬷》里,就塑造了这么一个独立自救的形象——故事中的外婆拒绝接受别人的同情与可怜,靠自己的能力养育子孙。她希望自己的后代能从必须承受的生活责任中看到自身力量的强大,而不是只会等着接受别人的施舍。

此外,外婆还用独特的发明累积了小小的财富,例如顺着河道收集漂流的蔬果等,她让这些微薄的积累变成了解决经济生活的方法,让每个读

者在看完这本书之后，除了对那样苦难的生活表示同情外，更从心中滋生了崇敬和佩服，并且丝毫不会掺杂任何的轻视和白眼。

美国作家、哲学家梭罗认为，尽管失败和挫折等待着人们，一次次地夺走青春的容颜，但却给人生的前景增添了一份尊严，这是任何顺利的成功都不能做到的。

人生的际遇是由无数小事构成的，犹如一副庞大的多米诺骨牌。如果你在其中的一个地方出现意外，可怕的坍塌就会立即降临。但如果你有一个精巧出色的机关，一个能够弥补错误的好方法，那么灾难就只能默默地离开。

不要现成的鱼，而是要学会使用一张网，积极展开自救，珍惜自己和他人的劳动所得，用从容自得的心情享受收获的一切，这才是最明智的做法！

心灵悄悄话
XIN LING QIAO QIAO HUA >>>

命运给予我们的不是失望之酒，而是机会之杯。因此，让我们毫无畏惧、满心愉悦地把握命运。

用笑声打开一扇机会的门

无论是别人在跟前或是自己单独的时候,都不要做一点卑劣的事情,最要紧的是自尊。

有鲜花的地方,才会吸引蜜蜂和蝴蝶。有欢笑的地方,才会迎接关注和停歇。

毫无疑问地,几乎所有人都喜欢看到面带笑容的脸庞,同样,别人也希望看到的你是一个播撒快乐的人,始终挂着发自内心的美好微笑。

中国人很讲究一个人的运势和影响力,相信和顺利的人在一起可以沾染好运,和倒霉的人在一起会沾染晦气。而在民间的传闻中,对于好运的人也都有这样的描述:印堂饱满红润、光泽如镜。这和眉头紧锁、唉声叹气的形象有着天壤之别。因此,如果一个已经陷入困境的人,仍不用心控制和调整自己的精神及面貌,还肆意地把愁苦暴露出来,那么这个人除了能获取一些旁人的可怜、同情,或者幸灾乐祸的嘲笑外,更多的,恐怕是慌忙地躲避。

所有人都讨厌晦气,更害怕别人的晦气影响到自己。所以,请不要抱怨世人的势利,事实上,如果换了你,也不会乐意在一个整天絮叨、愤怒、仇恨的人身边多待。也许你会慷慨地给予他一定的帮助,但时间一久,你就会逐渐厌烦,觉得那样的唠叨打扰了自己的生活,而对这个始终没有长进的苦命人生出一丝冷淡。

己所不欲,勿施于人。

不管多善良的人,也不会愿意成为别人悲观情绪下的垃圾桶,每天都要消化别人不去努力解决的困惑。况且,几乎每个现代人都被各种各样

的杂务压制着,累得喘不过气来,哪里还有耐心和精力去应付别人那些鸡毛蒜皮的琐事?

可见,让自己开朗起来,用乐观和平静去对付各种磨难,除了可以保持自己的格调外,还能赢得更多人的尊敬和关注,同时也能赢得改善生活的机会。

古希腊著名的哲学家、数学家、天文学家毕达哥拉斯说:"无论是别人在跟前或是自己单独的时候,都不要做一点卑劣的事情:最要紧的是自尊。"用笑声去开启一扇陌生的窗户,找到有益的途径,那才是最有意义的做法。

美国前总统里根是一个让人印象深刻的杰出人物。和所有出身低微、贫苦的普通孩子一样,他的生活充满了酸涩。但可喜的是,尽管家庭条件异常窘迫,乐天派的他却毫不自卑、胆怯,遇到任何人、任何事他都是一脸微笑。

里根小时候曾被父母锁在堆着马粪的房间里受训,让人吃惊的是,当家人以为他会大哭大闹的时候,他却拿起一把铲子准备移动那些粪便。面对父母诧异的目光,他兴奋地说:"这里这么多马粪,我想,在这附近一定有一只小马!"最后,所有人都被他独特的想象和超凡的乐观感染,忍不住笑出声来。

正是因为具备这种可贵的特质,所以当困苦和艰难来临的时候,里根没有皱眉愤怒,而是努力地顺应变化——他去球场卖爆米花,去建筑工地做临时工,做公园的业余救生员,在学校餐厅刷盘子……凡是可以独立完成的工作,他都乐意去接受。而他所有的付出,都是为了减轻家庭负担,为将来创造机会。

风雨坎坷,里根的人生逐渐呈现出一片绚烂。在从政之前,他做过许多职业,不仅担任了出色的体育播音员,而且他还曾是一个作品颇多的专业演员(29 年间拍摄了 51 部电影)。在里根 69 岁这年,他成为美国历史上年龄最大的总统,同时他也是第二次世界大战结束后第一位任满两届

的美国总统,他终于实现了自己出人头地的愿望。

里根很聪明,他在幼年时就懂得如何用最准确的方式传达出各种求助的信息,但又丝毫不会让人觉得卑微。他用他的自信和快乐,一种始终没有被贫困生活所击败,也没有被富贵的气势所压抑的自信和快乐,打动了整个世界,让生命的奇迹一次次在银幕之外真实发生。

让别人理解自己的痛苦,乐意和自己保持长久的联系并能给予支持和帮助,这就是里根的笑声赢得的胜利。

现实生活中,命运常常会突然偏离既定的轨道,让人措手不及。但是,热情、乐观的心是绝对不能和那些外在物质一起失去的。因为,一旦一个人的笑声少了,怨气和晦气就可能会变多,如此一来,这个人遇到困难就容易被彻底击垮,变成一个失意的人。

桑德斯上校是美国肯德基的创始人,而在他创业的历程中,他也是用爽朗的笑声和平和的态度迎接机会,并且取得成功的。

当桑德斯65岁退休后,经济状况一度极为糟糕,除了一张只有105美元的救济金支票外,他可以说是一无所有。这个时候,他意识到如果不尽快找到出路,生活的意义就会变成只能等待死亡,于是他开始思考自己能够挖掘的资源。突然,他想到了一份母亲留下的炸鸡秘方。于是,他开始一家一家地询问餐馆,希望能够以秘方入股,分取一定的报酬。然而,很多人都拒绝了他,有的甚至当面嘲笑他。

面对打击和嘲弄,桑德斯上校丝毫没有气馁,他一边修正着自己的说辞,一边用心找出能把炸鸡做得更美味的方法,以便有机会说服下一家餐馆。

终于,在两年时间里,被整整拒绝了1009次之后,桑德斯的提议被一家餐馆老板接受了。多年过去了,这个始终微笑的老爷爷所创建的肯德基,已成为世界著名的快餐连锁企业,不断收获着财富和荣誉。

可以想象,要是桑德斯上校面带愁容地去向人介绍秘方,那么有谁会接受这个对自己都失去信心的老人的提议呢? 要是他没有用这张可爱的笑脸去开路,我们又怎么能在大街上看到一家家的肯德基店铺呢?

微笑是一颗种子,让你在等待中收获甜美的果实! 微笑是一个友好的信号,让那些好事、机会源源不断地进入你的生活!

请检查一下自己的情绪仓库,当你每天带着它出门时,你究竟露出了什么样的表情? 给自己和别人什么样的感受?

请不要吝惜你的笑声,开朗地大笑吧!

心灵悄悄话
XIN LING QIAO QIAO HUA >>>

在这个世界上取得成就的人,都努力去寻找他们想要的机会,如果找不到机会,他们便自己创造机会。

没有谁可以真正让你一无所有

任何时候,只要心还在坚持,就不可能真的一无所有。

人生就像电台的歌曲排行榜,有的人排在前面,有的人排在后面,有的人粉丝如云,有的人孤单寂寞……且不说一直都在苦苦挣扎的小人物,就是有过一定业绩和成就的人,在快速多样的竞争中,也可能虎落平阳、龙困浅滩,尝遍人生冷暖。

头脑清晰、性情开朗的人,总会把坎坷的经历当作一场必需的考试,竭尽全力应对,实在无力扭转失利的时候,他们也会用退一步海阔天空来安慰自己,先给自己一个喘息休整的机会,然后等待机遇再做奋斗,这是一种积极的处事态度。

但是,大多数人却无法做到这样的豁达,他们在不被人肯定的时候往往容易自我否定。一旦遭到比较大的打击和失利,马上就会开始怀疑自己的能力,抱怨自己的处境,降低自己的目标,甚至觉得自己一无是处。

其实,除非你放弃自己,否则,没有谁可以真正让你一无所有。

即使别人再强势,剥夺的只是你的某一个或者某一段时间的机会,那些压迫性的影响仅能让你暂时没有收获。此刻的你,只要不是自己仰身倒下,绝对还有更多的选择在等待你的尝试。

贝多芬在被世人认可之前,曾拜在交响乐之父海登的门下学习。和大多数学生不同的是,贝多芬并未被老师头顶的光环所威慑,反而总想进行一些突破性的尝试,改变古老的、墨守成规的创作乐风,让音乐解脱束缚。

由于彼此固执己见，贝多芬和海登经常争吵不休。而率直的贝多芬觉得并未在老师那里学到更有用的技巧和方法，于是他就在独立创作的《第二交响乐》上只写上自己的名字，但由于贝多芬当时正师从海登，按照常规，他创作的曲谱也要写上海登的名字。这让海登十分恼怒，于是辞退了这个胆大妄为的学生。

然而，就像贝多芬所说："一匹奔腾的骏马绝不会让苍蝇叮了几口后就裹足不前！"面对众人的批评，尽管充满了痛苦和困惑，贝多芬还是坚定地选择了搏击和对抗，让新音乐的风格蓬勃发展。

再次出发后，贝多芬不断进行音乐革新，然而他招致的攻击也越来越多。但他没有花费时间去争辩和苦恼，而是跳过这些苛刻的指责，充分挖掘自己的潜力，谱写出更多、更优美的乐章，赢得了世界的尊敬与热爱。

所谓时势造英雄，就是一个人跟随命运的波浪，把握机遇而创造成功。

也就是说，在人际交往中，自己的态度往往决定了别人对你的态度，因此，当你想获取别人的肯定时，首先必须提升自己的价值，让你从平凡中脱颖而出。要知道，即使轻渺如一阵细风，当你永不放弃，一路积累能量，最后就是高山大河也会被你的凶猛折服。

不被人承认的时候，我们虽然没有光环，但是我们有尊严、自信和乐观。

当你低调地走过一段压顶的荆棘后，曾经满布伤痕的躯体才能更强壮，你才终于可以昂起头，用淡然的微笑对抗那些永远都存在的大小伤害了。

美国国际商用机器公司（IBM）的创始人托马斯·沃森创业之前，曾在现代商业先驱约翰·亨利·帕特森的公司工作。当他刚在公司取得良好业绩准备大展拳脚的时候，却遭到谗言陷害，被帕特森解雇。

在那个难熬的时间里，沃森得到的帮助和安慰非常有限，但他强打精

神,让自己用最好的状态和充分的准备应付未来的全新挑战。夜深时分,他总是一遍遍地告诉自己:"我可以重新再来!我要创造另外一个企业,一定要比帕特森的还要大!"后来,沃森果然让这个夜晚的誓言成为现实。

　　一个人如果真的面临挑战和烦恼,最好的应对不是絮叨和抱怨,更不是无限夸大它的不良后果,而是应该安静地停顿下来,想一想最坏的结果是什么,目前的状态进入了哪个程度,怎么改变眼前的不利。只有不被这些琐碎的挫折击败,压力才可能减轻。所以我们不能轻言放弃,即使陷入困境也不能露怯!

　　当各种困难被一一瓦解,当那些影响工作效应的缺陷被弥补,当情绪和生活状态被调整好,托马斯·沃森终于让 IBM 成为一个家喻户晓的著名公司,成功立足于世界企业之林,也为自己开创了光辉的明天。

　　现在,仔细回顾自己走过的日子,我们就会发现,那些当初对你不信任或敌视你的人,其实对你的影响大多是积极的。

　　试想,如果这个人当时的判断是正确的,那么他的话语虽然冷酷无情,却能让你看到自己的不足,及时作出调整,得到一个良好的经验,为将来储存必要的能力;如果这个人的判断完全偏差,那么我们损失的只是短暂的利益,我们甚至还可能因为别人的轻视而激发自己的斗志,创造出奇迹!

　　无论如何,只要不因为别人对自己的不良评价而主动放弃,你就是一个胜出者。

　　英国前首相温斯顿·丘吉尔说:"一个人绝对不可在遇到危险时,背过身试图逃避。若是这样做,只会使危险加倍。但是如果立刻面对它毫不退缩,危险便会减半。绝不要逃避任何事物,绝不!"

　　据说,人在登山的时候若是遇到风雨突起,最好的自救方法并不是迅速找个地方躲避,或是向山下跑,而是顶着风雨向山顶走。登山家所持的理由是这样的:往山下走,虽然风雨看起来小一些,却可能遇上暴发的山

洪而被淹死;而躲起来则容易遭受泥石流和山崩的袭击;只有往山顶走,风雨虽然大,却因为回避了大危险的侵袭,对生命的保障相对也大一些。

人生就像爬山,那些风雨就是我们可能遇到的困难,如果一味地逃避躲闪,我们就会被卷入洪流;而如果我们能勇敢地迎接它的到来,迎难而上,那么就有生存的可能,甚至还有可能看到美丽的彩虹。

一个人,只要有坚强的心灵,不被别人的不理解和否定打倒,不被别人的歧视和逼迫击败,认真而努力地工作,一定能从一个微不足道的小人物成长起来,逐渐修成正果,成为一个让大家刮目相看的能人。

任何时候,只要心还在坚持,就不可能真的一无所有!

心灵悄悄话
XIN LING QIAO QIAO HUA >>>

也许人的个性中没有比坚定的信念更重要的成分,一个人要成为伟大的人,或想日后在某些方面出人头地,就必须下定决心,不但要克服心理障碍,还要有准备经历千百次的挫折和失败。

请耐心修复人生的破窗户

每个人都有连自己都不清楚的潜在能力。无论是谁,在千钧一发之际,往往能轻易解决从前认为根本不可能解决的事。

人的一生其实和建筑很相似,从一个简陋的框架,什么都没有,到逐渐学会为人处世的技巧,扮演某种社会角色,最后积累一定智慧,成为如华美大宅般令人仰望的人物。这是一个不断吸纳、不断收获的过程。

然而,有得必有失,有来就有去。

无论多么宏伟、完美的大房子,只要使用一定年限后,烦恼和困惑也会逐一显现,例如松弛的水龙头、有裂缝的玻璃、堵塞的水管……它们让人头疼,让人陷入或大或小的麻烦中。于是,每个人就会有不同的反应。有的人不做任何反应,任其自生自灭,最终迫不得已进行修缮的时候,却发现整个房子已经几近崩塌,无法修复;有的人怒气冲冲,一边抱怨唠叨,一边紧急斥资进行更换,然后看着变瘦的荷包心疼不已;有的人则心平气和,细心进行检查,对能够修补的地方进行修缮,对无法修补的器材则果断地放弃并换新,自始至终,都面带微笑地解决所有问题。

其实,借着处理房子的过程我们也可以观察一个人的生活态度,当你的收入、职位、前途、投资等出现危机时,你会选择哪一种方式进行处理?是自暴自弃,祈求上帝保佑,是愁苦着脸,愤怒地被迫接受这样的挫败,还是静下心来等待机会,让失败成为一个过程而不是最终的结果?

俄国女皇凯瑟琳二世被称为贵族女皇,她执政的 37 年被称为贵族专政的黄金时代,其经历充满了传奇色彩。

凯瑟琳出生在一个没落的贵族家庭，从小她就以恢复家族荣耀为奋斗目标。在没有太多有力帮助的状况下，她不放弃任何一个机会，利用自己的美貌、自信、机智和果敢，终于获得了成功的机会。

在那个时期，对于一个女人来说，要想获得显赫的权力和地位，最有效也最便捷的途径就是和王宫贵族联姻。聪明的凯瑟琳很早就明白其中的诀窍，她认真地学习宫廷礼仪和社交知识，利用自己的优势，为将要展开的联姻做好一切准备。

当时机成熟时，凯瑟琳与母亲开始拜访各国显贵达人，为建立顺畅通达的社交圈苦心经营。有了这样的铺垫，最后，才貌双全的凯瑟琳终于名声大振，获得了上流社会的青睐和重视，也让皇室对她产生了浓厚的兴趣。

面对沙皇的邀请，凯瑟琳稳稳地把握了机会，不紧张，不怯弱，用优雅和自信征服了宫廷，最后她被沙皇钦定为俄国未来的皇位继承人彼得三世的未婚妻。从此，凯瑟琳正式踏上显露自己才华的大舞台，让飞翔的翅膀逐渐强壮。

就像一个熟练的园艺工人，凯瑟琳不甘心生活充满了荆棘，她时刻关注周围的状况，随时准备把不顺利修剪出局。

随着世事变迁，凯瑟琳开始面临被废黜的危险，她在经过深思熟虑后抢先一步，于夜晚率领宫廷禁卫军发动了政变，将丈夫彼得三世赶下了皇位，从此，女皇的"开明专制"正式宣告实施。

凯瑟琳是一个非常有头脑而且果断的女人，她依靠自己营建的关系网络、过人的勇气和魄力，在危机降临时正确判断，不仅完成了自己的梦想，也让更多的人记住了俄国的这一段传奇历史。

美国著名的心理学家和人际关系学家戴尔·卡内基说："每个人都有连自己都不清楚的潜在能力。无论是谁，在千钧一发之际，往往能轻易解决从前认为根本不可能解决的事。"岁月赋予了每个人很多经验，只有全面地成长，才能把握住机会。

当凯瑟琳一次次强化自己的愿望，一次次做出抗争的时候，上天也被感动了。于是，在天时、地利、人和都具备的情况下，她关键的一搏让她和她的家族彻彻底底地恢复了原来的荣华与尊严。

其实，每一个人和自己身边事物的关系也都是那么奇妙的。对于生活中出现的危机，如果我们竭尽全力去修复、弥补，肯定能将伤害减到最小。当自己的努力确实失去效力时，请不要找借口回避命运的安排，也不要妄想会有突然的救助可以改变窘况，而应该沉默地努力生活，让自己在时光中成熟，重新夺回话语权。

面对困境，即使已经伤痕累累，但只要你毫无畏惧地朝着它前行，最终就会得到甘甜的回报。只要你能努力摆脱不幸，保持坚定和理智，必能让那些麻烦变得虚弱起来，最后，这些厄运的背后就会浮现出被隐藏的福气和好运。

维护一个房子的完美需要主人的细心和诚实，勇于修补各种损害。

维护一段生活的完美需要人们的坚定和乐观，勇于迎接各种挑战。

人类心灵深处，其实有许多沉睡的力量，唤醒这些潜在的力量，巧妙运用，便能彻底改变自己的一生。

生命再艰难，只要不到最后一刻，都有办法可以缓解。

当我们发现人生有了缺陷，不要着急，也不要愤恨，请沉着而稳定地开始修复，最后那些灾难和打击都将随风而散。

心灵悄悄话
XIN LING QIAO QIAO HUA >>>

每一个烦恼后面，都会隐藏一个奇迹！为了我们舒适温暖的家，为了平静安乐的生活，请认真检查每一个细节，把危害降到自己能够控制的程度吧！

勇敢地扮演好自己的角色

人的一生就像一幕没有剧本的演出,因为各种不确定的因素,每个角色都在不停修改,然后神奇地创造一个崭新的结果。有时候,我们明明看见水已经倒出来了,却还能在最后一刻全部收回;而有时候,我们明明闻到烤鸭的香味甚至还咬了一口,却还是不可思议地飞了……

是什么让我们的命运不可预测,充满了无限的转机呢? 我想,应该就是自己吧,而勇气和乐观向上的特质也发挥了一定的作用。

这是一个处处都有希望,也处处都在失望的世界。

如果你觉得自己的运气很好,总是能愉快地接受暂时的挫折,把那些失败和伤痛当成一种经验,那么收获的时机可能很快就会到来。

但如果你的情绪低落,整日萎靡不振,诸多事情在你眼里就会是麻烦和艰难,你也会因为看不到前途和努力的方向,让成功的概率降到最低。

英国大剧作家莎士比亚说:"自信是走向成功的第一步,缺乏自信是其失败的原因。"面对突如其来的打击和挫折,只要自己能信心满满,坚定地抗争,即使再不济的结果,也会有几分改善。

出生于美国的普拉格曼,连高中也没有毕业,最后却成为著名的小说家。他所依靠的就是在绝境中相信希望、永不放弃的精神。每当人们向他求教,为什么面对一次次退稿他却依然能执着写作时,他就会非常感叹地说起自己的一个难忘经历。

第二次世界大战时,年轻的普拉格曼加入了美国海军,成为一名勇敢的战士。

1944 年 8 月，他在激烈的战斗中身负重伤，双腿失去了知觉。为了拯救普拉格曼的性命，舰长派遣一个海军下士护送他回到战地医院接受救治。但糟糕的是，在暗无天日的黑夜中，小船不幸迷失了航路，他们陷入了随时会被敌人逮捕的危险中。负责该次任务的下士慌了神，感觉四面都是无法逃脱的陷阱，于是他悲哀地拔出手枪想要自杀。

普拉格曼知道，自己已经失去了驾船的能力，能否顺利逃过此劫必须依靠这位下士的勇气与努力，只有消除下士的沮丧，他的生命才可能有所保障。

就在千钧一发的时候，普拉格曼镇定地劝慰下士："你别开枪，我有一种奇妙的预感……即使失败也要有耐心，绝对不能堕入绝望的深渊！"

就是这个靠普拉格曼争取回来的宝贵的一瞬间，也许是上帝听到了他坚毅的声音，一阵向敌机发射的炮火突然照亮了天空，他们发现了不远处的码头。

这段极富传奇色彩的经历让普拉格曼第一次具体地看到了希望的力量，看到了不到最后一刻绝对不能放弃的真理！正是有了这样强烈的体会，他以此为戒，在退役后立志用心写作，就算受尽委屈和嘲笑也不气馁，一次又一次突破生活的重围，最终实现了自己的梦想。

不要再去寻找借口解释自己的退缩，这个世界最大的障碍就是自己。

如果你能在各种困扰中看到自己的优势，并且愿意把它施展出来，目标就会一点点靠近，麻烦也会一点点减少。

而在采取行动的过程中，千万不要莽撞地前进。首先必须做的是分解自己的计划，从小到大，从简到繁，然后逐步建立信心，如此一来，你才能一步一步实现自己的心愿。

俄国科学家齐奥尔科夫斯基是现代航天学和火箭理论的奠基人，他的一生大多时候都是和孤独、顽强、毅力及乐观为伴，其经历俨然就是传奇小说的翻版。

齐奥尔科夫斯基出生于一个普通的林务员家庭,10 岁时不幸染上了猩红热,导致听力丧失,双耳半聋。从此,他无法正常读书上学,还必须承受同龄孩子的讥讽和作弄,这让他的生命历程很早就刻上痛苦的记号。

幸好母亲是他最好的朋友和老师,她用温柔和爱心呵护着自己的孩子,让他在那个没有音乐和欢笑的世界里品尝到巨大的快乐。

正当齐奥尔科夫斯基沉浸在这种自由独立的小环境中时,母亲患病离开了人间,让他从此失去了最好的向导。

陷入悲伤的齐奥尔科夫斯基几乎想和母亲一起消失,他不明白为什么自己要承受这些灾难,他未来的出路究竟在哪里?

齐奥尔科夫斯基的父亲是一个见地不俗的男人,虽然失去妻子的痛苦让他瞬间苍老了许多,但他依然充满信心地安慰儿子:"孩子,我们都是有志气的人,只要明天的太阳照常升起,我们就可以努力走下去!你瞧,你母亲正在天堂祈祷我们过上好日子,你肯定希望她不要再为我们担忧。"

有了父亲这番劝说,齐奥尔科夫斯基终于决定擦干眼泪,让生活重新开始,让母亲在天堂安息。也就是从那个时刻起,这个耳聋的、没有任何人指导的、从未进入高等院校学习的男孩,忘记了所有的不幸,不再抱怨上帝的失误,不再抱怨生活的不幸,并且几乎隔断了跟外界的所有联系,全身心投入到学习中。

齐奥尔科夫斯基拿起了堆放在房间角落的书本,从小学、中学课本开始学习,逐渐进入大学知识理论的研究。他自学了物理、化学、几何等重要课程,让自己成为一个有知识的人。紧接着,他成了一位学者,开始研究航天飞行,最后终于成为一位知识渊博的大科学家,并对航天历史作出了卓越贡献,被人们尊为火箭之父。

伟大的英国哲学家冯·哈耶克说:"如果我们多设定一些有限的目标,多一分耐心,多一点坚持,那么,我们就能事半功倍地进步。"

美国成功学大师拿破仑·希尔说:"每种逆境都含有等量利益的种

子。"只要细心寻找，灾难后面隐藏的希望更多、更大！

请勇敢扮演好自己的角色吧，如果不喜欢别人强加给你的情节，就用自己的力量去修改、去润色你的人生吧！只要你愿意，你就是世界上最幸福、最开心的人！

心灵悄悄话
XIN LING QIAO QIAO HUA >>>

这个世界上，信念这种东西任何人都可以免费获得，所有成功者最初都是从一个小小的信念开始的。不要再去寻找借口解释自己的退缩，这个世界最大的障碍就是自己！

第六篇 >>>
永不放弃自己

　　困难和压力对人来说，是不可缺少的清醒剂：它让你不畏惧困难，懂得思考如何进入新的局面、如何打破旧的格局，甚至让你萌发自信和勇气，充分展现你的智慧和潜力，所以只要永不放弃，你就能获得快乐和幸福。

　　只要你不放弃希望，灰姑娘也会变成美丽的公主，你梦想的一切都会实现。不要因为痛苦而放弃你的选择。所谓的成功人士，无非是比别人多付出，多经历了磨难的人罢了。不因痛苦而放弃你的选择，你才能成功。

把压力变成动力

很多成年人都爱说,要是我们永远不长大,做一个单纯懵懂的孩子,不用承担来自事业、情感、家庭、社会的压力,生活一定很甜蜜和轻松,世界一定很美好。

其实,这样的说法是有很多破绽的。

因为压力本来就是无处不在的,从一个人出生开始,压力就如影随形。即使作为一个孩子,虽然没有生计的烦恼,却也要熟悉这个新世界的冷热惊喜,也会有各种各样莫名其妙的需求及无法满足的失落。等到稍大一点,孩子又会因为复杂的社会因素,与他人进行比较、竞争,形成实际的压力。等到再大一点,只要孩子对生活有了较为明确的目标和要求,就必须承受一份来自环境、体系、制度的压力。但是,因为孩子天性中具备接受新鲜事物的特质,所以他们大多能很快消除压力带来的不适,进而稳重、沉着地应对挑战。

压力有大有小,你把它看得重,它就重;你把它看得轻,它就轻。与孩子的善于遗忘和善于学习相比,成年人由于太依赖习惯和常规,对压力的态度就显得不那么友好。

任何人都要接受压力的挑战。著名的恺撒从一个没落贵族荣升到罗马最高统帅,建立起庞大的帝国,每个时期他都肩负沉重压力,并跨越重重险阻,最终才收获成功。

凯撒19岁时,家族权威人士从集团利益出发,要求他放弃原来的婚约,与当权派人家的女儿攀亲,甚至不惜使出各种手段进行胁迫。然而面

对巨大的压力,凯萨毫不退缩,坚持自己的主张,甘愿让个人财产和妻子的嫁妆被没收,并上演了一场逃婚的剧目,为自己赢得了信守诺言的美誉,这也是后来将士们愿意追随他的重要原因。当凯萨搬开了第一个巨大压力后,他又用了足足38年的时间,一步步从军营、战场走向政坛,而在这过程中,他时刻都要对抗难以计数的压力。

在与压力抗衡的过程中,恺撒没有浪费时间去烦恼,而是把越来越沉重的压力变成动力,他不断挖掘自己的各种优势,包括发挥他的军事才能,并用他英俊的容貌、机智的谈吐以及坚毅的心志博得大家的重视,彻底扫除拦在成功前面的障碍。

美国总统华盛顿说:"一切和谐与平衡,健康与健美,成功与幸福,都是由乐观与希望的向上心理产生的。"不因压力而放弃既定的目标,这是凯萨取得辉煌成绩的原因之一。

明知道压力不可能消失,整天妄想没有压力的生活无疑是给自己心里添愁。其实,遭遇压力时最聪明的做法就是赶紧跳出来,分析自己的压力来源,思考如何将它转变成有效的动力。

压力太大,容易让人一蹶不振;压力太小,则容易让人滋生惰性。适度的压力,不仅能让人保持清醒和活力,还能让人产生自我认同的心理。

既然压力人人都有,无法完全消除,那么,我们不妨利用压力来改变我们的生活,创造出一个自己想要的结果。

诗人歌德说:"大自然把人们困在黑暗之中,迫使人们永远向往光明。"

20世纪最伟大的喜剧演员卓别林出生于演员世家,父母因感情不和而离异。当卓别林身体虚弱的母亲在一次演唱时遭到观众喝倒彩,即将失去她唯一的经济来源时,小卓别林却意外地被带到台上代替母亲继续演出。没有想到,卓别林虽然是初次表演,却十分冷静,他用故意装出的和母亲一样的沙哑歌喉来演唱,最后竟意外得到了观众的认可,赢得了热

烈的掌声。虽然这个压力来得很突然，但卓别林却能及时解除，这次的表演，无疑是他成功的第一个信号。

从那以后，尽管生活还是无比艰难，但卓别林却体认到自己在舞台上的魅力，他忘记了那些贫苦、抱怨，一次次认真学习表演的技巧。1925年，卓别林完成了描写19世纪末美国发生的淘金狂潮长片《淘金记》，奠定了他在艺术界的地位。

但是压力并不因为成功的到来而却步，由于有声电影兴起，逐渐取代了传统的默片，卓别林的日子又逐渐变得非常难熬，不仅要面对事业的没落，还要承受母亲去世的悲伤，还有和妻子沸沸扬扬的离婚案，以及电影《城市之光》的停停拍拍及放映权的谈判……重重压力，让一贯以喜剧角色出现在世人面前的卓别林仿佛苍老了20岁，一缕缕白发悄悄长出。

当卓别林有一天突然意识到自己的颓丧于事无补时，他决定放下压力，横渡大西洋展开一次欧亚之旅，既是散心，又可以趁机为新片做宣传和吸收新知。卓别林用了很长一段时间才让自己在压力中恢复了工作激情，最后他终于重拾风采，带着《摩登时代》出现在人们面前，获得了巨大的成功。

每个人在每个时期都会碰到压力。压力来临的时候，我们千万不要退缩、回避，而是应该认真地接受它，找到改善的方法，如此才能把因为情绪所产生的不必要压力统统释放。

心灵悄悄话
XIN LING QIAO QIAO HUA >>>

用勇气和智慧去正视压力，压力就会变小，事态也会渐渐朝好的方向发展。逆境是达到真理的一条通道。

尽可能从生活中删去"不可能"

梦想只要能持久,就能成为现实。我们不就是生活在梦想中的吗?

很多事情都是可以靠努力实现的,只要不是太离谱的梦想。实际上这个所谓的离谱,也只是暂时受到时间和空间的限制,并非完全不可能实现。许多人常常把不可能三个字挂在嘴边,其实,他根本没有想过要怎么实现,也没有去思考实现的可能,更没有去制订实现的计划和目标。他只是听到了一个自己不熟悉的事情,就本能地说不可能。

太多的这也不可能,那也不可能,让生活变得机械笨拙。这个时候,如果你还在毫无警觉地抱怨,那么请你安静下来,想一想"不可能"三个字怎么会那么容易就脱口而出,都还没有尝试过的东西,怎么可以那么武断地下结论呢?

罗伯特·巴拉尼是奥地利著名的耳科医生。他幼年的时候患上了可怕的骨结核病,不仅疼痛难忍,还导致他一个膝关节永久地僵硬。家里人都很疼惜他,只祈祷他的后半生能不再受到病魔折磨,也就不要求他在读书方面花费精力。

可是巴拉尼非常倔强,他不相信疾病能让自己成为废物,也不相信自己的未来仅能局限在父亲的农场里。他暗下决心,一定要掌握一技之长,一定要和正常孩子一样上学读书深造,然后堂堂正正地站在世人面前。

整整10年,巴拉尼风雨无阻地穿行在学校和家庭之间。无论多么艰难,他都咬着牙,向人展示"我可以"的坚持。29年过去了,这个失去自由行动能力、被人们怜悯的孩子长大了,并且成功进入了医学界,发表了著

名的《热眼球震颤的观察》论文,奠定了耳科生理学的基础。为了表彰他的杰出贡献,当今医学探测前庭疾患的试验和检查小脑活动以及与平衡障碍有关的试验,都以罗伯特·巴拉尼的姓氏命名。

巴拉尼用自己的努力,将不可能变成了现实,把自己的名字深深刻在了人们脑海中。

事实上,世界上每天都在发生各种令人沮丧的意外,但也同时在创造各种感人的奇迹。如果你的心里存着"我可以"的想法,那么这些代表新思路的想法就会迅速在你头脑中生根发芽,长出嫩枝,帮你去开辟新的天地。

也许有人会发出疑问:难道决心要做,就一定能做得到吗?要是下了决心最后却没有成功,又该怎么办呢?有这样的迷惑是正常的。但是,试想一下,如果一开始你就放弃了,那么就算机会真的来了,你也无法立即采取行动,如此还谈什么成功、收获?

曾有一穷一富两个僧人,都想去远方求佛。10年后,他们再次相聚。这时,穷僧人早已完成远游,手托玉佛实现了目标。而富僧人则说自己之所以未能远行,是因为每次出门前都会发现准备得不够充分,或天气不好……于是就这样一次次地耽搁了下来,也就延误了时间。

穷僧人微笑着说:"如果你的心里有意愿,那些困难就是天上的云,会来也会去;而如果你的心里藏着畏惧,那困难就是移不动的山、填不尽的海,会永远把你阻隔!"

大多数情况下,你所得到的结果和你所选择的态度是一致的。要么能,要么不能。世界上有很多状态是可以由人控制的,尽管一个人的力量十分微小,但是当你竭尽全力去实现自己的目标时,就一定能爆发出惊人的能量。

快乐——春风得意马蹄疾

著名的护理学和护士教育创始人之一佛罗伦萨·南丁格尔，出生于一个富有的家庭，而她本人也是受过高等教育的贵族小姐。南丁格尔从小就着迷于护理工作，并且长期担当庄园周围生病农户的看护者。

当她希望成为一个护士，加入当时只有社会底层妇女和教会修女才会担任的护理工作中，并把这件事情当作终身事业时，遭到了父母的强烈反对和世俗偏见的中伤。但即使面临一些闲言杂语和误会，南丁格尔仍一直觉得自己可以胜任这个工作，丝毫不肯做出让步。

南丁格尔总是出现在病患最需要她的地方，尤其是1845年克里米亚战争爆发后，她率领38名护士奔赴枪林弹雨的前线，加入病患的护理工作。此刻的南丁格尔完全脱离了贵族小姐的娇弱，不仅表现出非凡的组织才能，还给予了病患无微不至的关怀，帮助医生进行手术，减轻病人的痛苦。每一天，她都要工作二十多个小时。她总是提着一盏小小的油灯，逐床细心查看病患的情况，因此，她也被士兵们称为"提灯女士""克里米亚的天使"。

最让人称奇的是，为了取得必要的医药物资，当所有人都不敢打破陈规陋习采取行动时，南丁格尔却带领几个大胆的人，撬开了英国女王仓库门上的锁，并向吓得目瞪口呆的守卫说："我终于有了我需要的一切。现在请你们把你们所看到的去告诉英国吧，全部责任由我来负！"

英国诗人丁尼生说："梦想只要能持久，就能成为现实。我们不就是生活在梦想中的吗？"

那些觉得自己可以的人，有的是为了获得更好的生活、更高的地位、更大的成就，有的则是为了他们的梦想和目标，他们相信自己的能力，也相信自己可以改变很多。南丁格尔用实际的付出，向世人证明了实践理想的可贵，证明了护理工作的重要性。

因为相信自己，不仅让南丁格尔改变了命运的轨迹，也让世界为之震动。在她的努力推动下，世界上第一所护士学校成立了，整个西欧以及世界各地的护理工作和护士教育也因此快速地发展。

现实生活中，我们总是觉得大环境太差不可能改变、客户太刁钻不可能改变、身体不舒服不可能改变、薪水过低不可能改变……整天牢骚不断，好像"不可能""无法改变"已经成为我们终身的印记了。我们总是时刻需要别人的安慰。然而，若是拿我们所面临的困难和南丁格尔当初所遭遇的困难相比，简直就是沧海一粟，不值得一提。那么崇高、伟大的梦想都被南丁格尔实现了，还有什么比它更难的?

心灵悄悄话
XIN LING QIAO QIAO HUA >>>

你可以失去信心和勇气，但你的生活并不会因此而轻松，一旦你开始萌发"我可以"的念头，正式迈入追寻梦想的队伍，就有可能生活得更好!不缅怀过去的历史，而致力于未来的梦想。

人生就是一件件小事

我们命定的目标和道路,不是享乐,也不是受苦,而是行动,在每个明天,都要比今天前进一步。

在现实生活中,我们总是容易忽略身边的小事,例如清理办公桌、整理数据、回复电话……我们总认为那是不需要任何技巧和方法就可以解决的,如果一定要自己做,就会敷衍了事。然而面对责任重大的 Case,也就是所谓的大事时,我们又常常因为提案得不到老板及同仁的认可,而无法实行。这个时候,这种得不到肯定和赞同的失落,就会像一把带刺的刷子,把你的心刷得毛毛躁躁、乱糟糟的,让你心里充满了抱怨。

小事真的就是可以被忽略的微小事情吗? 不看重小事的人,就一定会影响将来成就的大事吗? 只要耐心处理日常的小事,生活就会顺利起来吗?

泰坦尼克号的悲剧众所周知,然而坊间有个传说,说造成当初泰坦尼克号在处女航中沉没的原因之一,竟然是一把普通的钥匙!

因为当初泰坦尼克号所属的航运公司老板临时改变主意,从别的船上调来一位经验更丰富的船员代替了原来的二副。在匆忙的交接后,二副将锁着船上唯一一副双筒望远镜箱子的钥匙放在自己口袋里,带下了船。当二副发现这个失误时,却已经无法和远去的泰坦尼克号取得联系了。

在没有望远镜的情况下,泰坦尼克号放哨的船员只好依靠肉眼观测前方的障碍物并做出答复。但等到发现海洋上的冰山,想要转舵时却已

经来不及了，最后就造成了 1522 人葬身大海的历史性悲剧。

可以想象，要是当初大家都遵守职责，钥匙被及时交到新人手里，或是房间里能多准备一个备用望远镜，泰坦尼克号的悲剧有没有可能避免呢？

所有的大事都是由一个个小事组成的。一般来说，如果对小事不用心，在遇到大事时自然也不容易认真负责。尤其是面对一些困难时，如果你能积极对待它，那你将有所成就；如果你刻意逃避躲闪，你将因此受到惩罚。

近代物理学家迈克尔·法拉第出身贫寒，尽管他天资聪慧，热情好学，可是随着家庭经济越来越窘困，13 岁的法拉第被迫告别校园，进入一间私人书店当学徒，而他第一个任务就是卖报纸。

和一般报童不同的是，法拉第没有愁眉苦脸地去应付这份简单的工作，而是动脑子思考，希望能将这份工作做到最好。法拉第发现，人们总是对自己感兴趣的新闻有好奇心，也会有购买的欲望。于是他每天都会先了解报纸的内容，然后再按照客人的喜好进行分类推荐或宣传，最后，他的推荐几乎达到了人人满意的程度。

通过观察，老板对法拉第从最初的可怜变为赞叹，他欣赏这个穷人家的孩子身上所散发出来的认真、独立、自信和忠诚的特质，于是他决定让法拉第跟着自己学习书籍的装订手艺。要知道，这在当时简直就是一个无比珍贵的馈赠！

机会往往会在你意想不到的时候出现。从没有任何技术的报童，到能够独立装订出精美图书的技师，法拉第的生活开始充满希望的光芒。由于老板的支持，还有稳定的收入，他终于可以利用各种机会接触图书，并且潜心研究它们，弥补幼时无法完成学业的遗憾。

就像美国文豪朗费罗说的一样："我们命定的目标和道路，不是享

乐,也不是受苦,而是行动,在每个明天,都要比今天前进一步。"如果仅仅满足于现状,不想再往更高、更辽阔、更接近自己理想的方向努力,那法拉第虽然很快就能改善自己的生活,成为一个生活富足的人,但他却不会被更多人记得。

让人敬佩的是,法拉第不甘心只是成为一个优秀的装订工,他渴望进入当时代表着最高科学权威的机关——皇家学院,和科学家们一起工作。但是,如何才能得到权威人士的认定呢?

人生的每一个脚印,每一次学习,都会在关键时刻发挥作用。为了得到科学家们的认可,也为了让自己从众多科学爱好者中脱颖而出,法拉第运用自己的装订技术,精心整理装订了著名科学家戴维教授的4次演讲内容,不仅弥补了其缺漏的知识要点,还设计了漂亮的插图,然后将自己的信件附在后面,一起送到皇家学院。他希望教授能在得到这个独特礼物的同时,也顺便了解他。

机会真的只青睐有准备的人,接到这个意想不到的礼物后,戴维教授被深深感动了。当晚,他就给这个素昧平生的年轻人写了一封信,一面感谢他的好意,一面肯定他的不俗见识,并且邀请他加入自己的实验室工作。于是,法拉第走进了他梦想已久的地方,成为戴维教授的助手。之后,法拉第成功制造了世界上第一个电马达,并创立了电解定律,成为近代物理学史上不可或缺的重要人物。

一把钥匙可以毁掉一艘巨轮,一个小想法却能造就一个伟大的人物,世界真的很奇妙,大事往往都是和小事息息相关的。

做人需要有耐心,耐心地接受那些大的、小的、好的、坏的、感人的、惊叹的、兴奋的、沮丧的各种事情,耐心学习掌握一样样技巧吧!只有真实地走过那些阶段,我们才能更懂得把握幸福。

法国诗人、寓言家拉·封丹说:"耐心和持久胜过激烈和狂热。"人生就是一件件小事,每一个阶段吃的苦和受的累,都会变成经验累积起来。当机会来临的时候,那些已掌握的技巧和方法就会与琐碎的小事一起酝酿,帮助你的人生绽放光华。

生活不是电影，没有剧本可以排练，也没有既定的人物和结局，有的只是无穷无尽的可能和意外。一件不经意的小事，也许就能成就一个大的变化！

心灵悄悄话
XIN LING QIAO QIAO HUA >>>

付出一生的耐心和努力去掌握各种技能吧，无论大事小事，相信它们都将帮助你换取一生的幸福！

从别人的不满中看见自己的不足

很多时候,不是别人看不起你、刁难你,而是你自己做得不够好,让人有话可说。

一个财主遇到一个穷人,财主对穷人说:"我这么有钱,你怎么不尊重我呢?"

穷人回答:"你有钱和我有什么关系?我为什么要尊重你呢?"

财主说:"我把我的财产分给你一半,你会尊重我吗?"

穷人回答:"你把财产分给我一半,我就和你一样了,为什么要尊重你?"

财主又说了:"那我把财产全部给你呢?"

穷人说:"那我就更不会尊重你了,因为我是富人,你是穷人了。"

这虽然是一个笑话,却向人说明了一个道理:如果你想得到别人的尊重,除了金钱外,还必须拥有让人信服的条件,包括特质、素养、情操和意志等。

行事不顺的人通常很敏感,十分在意别人对自己的态度,往往因此而患得患失。其实,面对别人的不友善,我们最该做的,就是打开体内的应急按钮,调动所有的防毒软件,全面修护自己的情绪和感受,把无聊的闲言闲语和猜忌都扔掉,只留下能激励自己的箴言。

汉代名将韩信发迹之前,曾经流浪街头,并几次想要以死自我了断。

一个在河边漂洗棉絮的老太太可怜他,每天都省下一碗饭给他,一连供养了他几十天。韩信填饱了肚子后,忍不住慷慨激昂起来,对老太太说,将来自己一定会重重报答她的恩德。老太太一听,勃然大怒,训斥道:"丈夫不能自食。吾哀王孙而进食,岂望报乎!"这句话大意就是说,你一个堂堂男子汉不能自立,我只是可怜你身为公子而为你准备餐食,哪里可能去妄想得到什么回报,你如此豪言,真是可笑至极!

老太太的一番话,可以说是相当地刚硬绝情。一个贫苦无助的老太太,却对着七尺男儿说出如此训言,对于韩信来说简直是羞辱到了极点。然而,也正是这当头一棒,把一直沉陷于迷惘中的韩信拉了回来,让他开始有了想要改变现状的强烈意愿。

明代思想家吕坤说:"贫不足羞,可羞是贫而无志。"若是一个人缺乏斗志,只会夸口而没有真正的实力,连自己都无法照顾好,怎么可能回报和馈赠他人呢?况且,那时候的韩信理应是羞愧难当的,怎么反而好意思冲着老太太允诺呢?

很多时候,不是别人看不起你、刁难你,而是你自己做得不够好,让人有话可说。

于是韩信由这番刺激中清醒过来,开始奋发向上,历经艰险困苦,终于成为汉代功名显赫的大将军,最后也实现了对老太太的重谢。我们不禁庆幸,要是老太太是一个温柔贤淑的人,只是对韩信说些不关痛痒的"你要上进""你要努力"之类的话,那么当时那个浪荡的韩信会那么快找到人生的坐标,并朝着这个方向出发吗? 那是绝对不可能的。

被人嘲讽是非常难堪的事情,但因为无法回避,所以最好的方法就是将它有效地消化,成为一个激发你开拓新局面、扭转逆势的开端。

哲学家蒙田说:"若结果是痛苦的,我会竭力避开眼前的快乐;若结果是快乐的,我会百般忍耐暂时的痛苦!"

一个人处于弱势时,千万不要去回忆那些曾经的风光,也不要抱怨世道的不公平,更不要沦为可怜的气球人(处处受气,处处求人)。我们需

要做的就是找到失败的原因,把过去的一切打包,成为一个丰富的经验库,然后才能没有任何负担地大步前进。而沿途的重要工作就是,重拾自己的优势和信心,让别人看到你的光亮!

传说宋代名士苏轼游玩莫干山的时候,进入山腰的一座道观进香。道士见他穿着十分朴素,心想他应该是一个普通百姓,于是就异常冷漠地招呼说:"坐!"然后吩咐童子,"茶!"

苏轼落座喝茶,和道士很随意地交谈了几句。几番言语,道士发现来客气度不凡,马上请苏轼进入大殿,摆下椅子说,"请坐!"然后又吩咐童子,"敬茶!"

苏轼继续和道士攀谈,口中妙语连珠,讲得道士啧啧赞叹不已,忍不住打听起来客的名字。苏轼微笑着说:"小官是杭州通判苏子瞻。"道士闻言立即起身,请苏轼进入一间雅静的客厅,并态度恭顺地说:"请上座!"再次吩咐童子,"敬香茶!"

最后,苏轼准备告辞了,道士请求留下墨宝。苏轼思忖片刻,联想起道士的种种态度,于是写下了一副著名的对联:"坐请坐请上座,茶敬茶敬香茶",借以讽刺道士趋炎附势。

聪明的人都知道,证明一个人的价值,绝对不在于几个人的言语。苏轼有相当的阅历和涵养,当他遭受别人的轻视时,并没有暴跳如雷、大发脾气,而是很自然地按照自己的计划,该做什么就做什么,不去在意别人的态度。而那个势利的道士,最后终于领略到了苏轼掩盖不住的才华,继而感到羞愧。

试想,要是这个道士攀谈的对象不是苏轼而是我们,当他发现彼此水平相当,或者更糟糕,他怎么可能改变自己骄傲的态度?而这样的对联也就会滑稽地成了:茶茶茶,坐坐坐!

别人的不友善举止是别人的错误,我们无力改变。但是,我们可以尽力提升自己的形象和价值,让自己原本微弱的力量逐渐强大,直到每个人

都无法忽略我们的存在为止。

俄国文豪屠格涅夫曾说:"先相信你自己,然后别人才会相信你。"如果连你自己都轻视自己了,那你如何得到别人的尊重呢?

大家都知道,一个人最终能否实现目标或者达到成功,必须倚仗很多因素,其中自身的条件是最为重要的。如果你本身就是一颗钻石,不巧被遗失在一个沙滩上,被人们当作低劣的沙砾来看待。那么,只要你不灰心,不慌乱,耐心等待一次次潮来潮涌的翻动,最后你的光亮肯定可以吸引每一个人的目光。即使海浪有可能将你继续掩埋,那也是暂时的,你良好的特质丝毫不会因为与沙砾混合而有所改变,你仍是一个值得珍藏的上品。

因此,如果你真的是钻石,在被埋没的时候,请不要做无谓的哀叹,坚定地保存闪亮的梦想吧,相信有一天你一定可以吸引众人的目光。

而如果你本来就只是一粒不起眼的沙子,又不甘心这么平庸下去,那么请去寻找那只能够包容你的大蚌吧,请求它将你变成一颗珍珠。让原先不起眼的你,可以在外界的帮助下脱胎换骨,成就自己的梦想,成为一个优秀的珍品!

别人的冷漠是因为我不够强大,虽然我强大的力量并不是为了消除别人的冷漠而积蓄的,但我还是要努力强大,把冷漠踩到脚下,迎接属于自己的荣耀。

心灵悄悄话
XIN LING QIAO QIAO HUA >>>

别人的冷漠是因为我不够强大,虽然我强大的力量并不是为了消除别人的冷漠而积蓄的,但我还是要努力强大,把冷漠踩到脚下,迎接属于自己的荣耀。

用最好的方法消除困境

适合某人穿的鞋,可能会让另一个人穿起来痛苦不堪。生活没有放诸四海而皆准的良方,每个人都有他自成一体的生活模式。

不顺心、不顺利的时候,渴望得到别人的帮助,这是一般人的正常心态。

但是,为什么有的人可以在别人的扶持下很快就甩掉污泥,闯出自己的一片天地;而有的人,却总是与成功失之交臂,最后还换来了"烂泥扶不上墙"的讥讽呢?

原因很简单,如果失意的人知道自己想要的是什么,能正确地握紧伸过来的手,摆脱泥沼,那他自然就能快速脱离挫折的打击;而如果失意的人不清楚自己的现状,对未来没有想法,只会对外界的帮助照单全收,导致救援因不符需求而没办法发挥效果,如此当然无法脱离困境。

有个落后的海岛,粮食产量奇低,无法满足岛民的需要,导致他们一年里有八个月都在挨饿。城里的好心人知道这个情况后,赶紧送去了一些高质量的谷子,并细心地教导那些岛民如何耕种、如何栽培。可是,等好心人刚离开,岛民就迫不及待地将谷子放进锅煮成了米饭,吃个精光。

好心人知道后,觉得这些人太懒惰、不懂得如何自救,于是决定不再搭理他们。可是岛民却说:"我们实在太饿了,哪可能等到谷子变成吃不完的米啊!"

这是一个很有意思的故事,而它所引发的议论也很多。很多人会站

在好心人的立场,斥责岛民的愚昧与取巧,但也有小部分人会站在岛民的立场,声辩现实需要与美好愿望的差距。其实,好事不能善终,对错都不是那么重要,只有找到原因,才能避免下次的失误。

德国诗人歌德说:"一种方式只适合一种人,每个人都应该追求属于自己的方式;站在自己周边的人们,请小心,别摔倒了!"这里的意思就是说:要不脱离实际地对别人进行指导,还要当心自己的处境,不要帮人不成反而让自己受到伤害。

首先,我们来评价一下好心人的行为,这个算是导致该事件失败的一个既重要又不重要的因素。

说它重要呢,是因为好心人来自代表高水平的城市,具有改善岛民生活的实际能力。说它不重要呢,是指好心人的援助只能代表一种外在的力量,变或者不变,还必须依靠岛民自己。

从表面看来,好心人"授人以鱼,不如授人以渔"的想法是正确的,这本应该是最有效、最能解决问题的方法。但是,远水解不了近渴,因为忽略了接受者的能力,所以这样的尝试最后还是失败了。

其次,这个事件最关键的主角,是那些接受别人援助的岛民。因为受教育程度不高,他们不懂得说出自己最迫切的需要,只会被动地接受别人的计划和安排,然后又率性地自作主张,没想到最后却让自己再次陷入僵局,继续挨饿受苦。

请不要去嘲笑故事中的角色。在现实生活里,其实我们每个人都有可能扮演这样的角色!

大部分人在遭遇困难和麻烦时,总是习惯向朋友或亲人求助。虽然大多时候都能如愿以偿地消除困扰,但是,这样的求助其实也是一次次地在预支别人对你的耐心和信任。

一个人向外界要求得到的救助越多,显示出来的价值和能力就越低。不要反复求助别人,让人以为你只是一个贪婪无用的索取者。找到你最需要的帮助,然后拥有它,让自己强大,成为一个也可以助人的人,才是明智之选。

古埃及女王克丽奥佩特拉还未正式取得皇位的时候，利用其美貌和才华吸引了罗马帝国叱咤风云的恺撒大帝。当恺撒跪倒在她的石榴裙下时，她可以选择摆脱政治纷争做一个后宫丽人。但是，尽管爱得惊天动地，克丽奥佩特拉仍然没有忘记自己的真正目的。她请求爱人帮助自己夺取王位并保持埃及的独立，如此她才能随时掌控优势和特权，站在政治的舞台上摇曳生姿。

如果克丽奥佩特拉和前述所说的那些岛民一样，刚开始就毫无异议地接受爱情的指引，成为后宫一个驯服的佳丽，等到她猛然想起需要一个国家作为倚仗的时候，还能顺利得到恺撒的支持吗？也许，这个答案就不那么肯定了。

有些帮助就像花，只可以芳香一阵子；有些帮助就像树，可以稳固很多年。这两种帮助并没有优劣之分，就看你究竟需要哪一种。如果你的生活缺乏芬芳，那么，请留下像花一样的爱；如果你的生活缺少安宁，那么，请和树一起拥抱吧。最关键的是，不要觉得接受的帮助越多越好，你必须选出对自己最有效益的一种。

英国前首相丘吉尔在战后的首次大选中失利，但他没有泄气，也没有沉湎于过去的功劳，而是整理思路，带领智谋团队，展开了更为充分的筹备，计划再次出击。当他在剑桥大学的毕业典礼上说出世界上最短也最有震撼力的演讲台词"永远，永远，不要放弃"时，让人们看到了他奋斗到底的决心。最后，保持信心和勇气的丘吉尔夺回了首相宝座，成为英国历史上的美谈。

有句话说得好，适合某人穿的鞋，可能会让另一个人穿起来痛苦不堪。生活没有放诸四海而皆准的良方，每个人都有他自成一体的生活模式。不实际的帮助，要了也不能解决问题，所以不如不要。

当我们失意沮丧，全靠存折上几个可怜的数字支撑时，请不要哭丧着脸去接受别人的馈赠，而是要平静乐观地把精力和心绪集中起来，大方地告诉亲朋好友"我最近失业在家，急需工作，如果有机会，请各位帮忙留意"，或者主动应征，或研究一下创业的可能……只要不是去做辱没尊严的事，无论对方聘请你的条件如何，请先忘掉自己的各种要求，先稳定经济，再替未来作打算。

事实上，世界上确实存在很多陷阱和不公平，但也存在很多美好的、让人感恩的事情，如何取舍天降的帮助，是照单全收，还是有所保留？将决定你未来的道路和方向。

面临困境时，我们不应把外界的所有帮助都当成是解决困窘的途径，只有选择自己最需要的帮助，才可以让你一路强大！

心灵悄悄话
XIN LING QIAO QIAO HUA >>>

有两种人是没有什么价值可言的：一种人无法做被吩咐去做的事，另一种人只能做被吩咐去做的事。

相信"祸兮福之所倚"

中国有一句流传甚广的名言，那就是"祸兮福之所倚，福兮祸之所伏"，意思就是祸、福可能只是一个表面现象，其间变量无穷。即使好运当头，即使倒霉凄惨，都可能只是一时的，切记千万不要被一时的局势所迷而得意忘形或丧失信心，而是要采取冷静平和的态度处置变故。

首先，我们需要了解这个出自《老子·五十八章》的句子，为什么要给祸、福定义出如此奇特的关系？且看《韩非子·解老篇》对这句话的解释：

人有祸则心畏恐，心畏恐则行端直，行端直则思虑熟，思虑熟则得事理；行端直则无祸害，无祸害则可尽天年；得事理则必成功。尽天年则全而寿，必成功则富与贵。全寿富谓之福，而福本于有祸，故曰：祸兮福之所倚。

人有福则富贵至。富贵至则衣食美，衣食美则骄心生，骄心生则行邪僻而动弃理。行邪僻则身死夭，动弃理则无成功。夫内有死夭之难而外无成功之名者，大祸也。而祸本生于有福，故曰：福兮祸之所伏。

"祸兮福之所倚，福兮祸之所伏"这句话是老祖宗传下来的经典名言，是现代人在劝慰自己和他人时最常出现的词句之一，对我们为人处世的影响可谓相当深远。

17世纪的英国文化巨人弥尔顿天生视力不佳，他的眼睛不能和常人一样看到清晰、明朗的线条和细节。这在一般人看来，简直就是一个人生命中不可原谅的"祸"。

　　然而,就是因为视力造成的障碍,反而激发了弥尔顿的斗志。虽然富有的家境让弥尔顿没有任何的生活压力,但从出生起,他就不肯浪费任何一点时间,他疯狂地吸取各种知识,希望将自己的弱点消灭。因为耳濡目染,他发现了潜伏在自己体内的艺术天分,从此他便时常沉醉于诗歌的创作并废寝忘食。在他曾经就读的耶稣学院的院士花园里,至今还存活着一棵弥尔顿桑树,就是与他长期见证日月变幻的朋友。

　　弥尔顿的诗歌文字虽然缺乏莎士比亚笔下的那种具体性,无法表现视觉的想象力,但观物不清的弱点却让他创造出一种独特的文风,令人耳目一新。即使在弥尔顿晚年双眼完全失去光明的时候,他仍然为世界留下了不朽的《失乐园》《复乐园》和《力士参孙》,赢得了人们永远的热爱和怀念。

　　如果是意志消沉的人有了跟弥尔顿相同的身体缺陷,肯定会成为他拒绝努力的良好理由。但是,弥尔顿没有灰心,他乐观地接受了这个并不友好的馈赠,甚至加以利用,将它变为别人无法拥有的资本,促使祸与福顺利换位,让自己攀上了成功的巅峰。

　　试想,要是弥尔顿的眼睛从出生起就和我们一样清澈明亮,那他雄浑的、史诗般的文风可能就不会这么自然地流淌出来吧!

　　每个人的一生都会遇上祸事,无论什么灾祸,只要能用坦然的态度去消化它,相信必能一一破解。相信祸的后面一定有福在等待,把一次失利、一次落难当作上天强迫自己进行思考和休整的机会,面对现实的困难,找到自己需要改进的地方,相信没有什么困境是不可扭转的。

　　很显然,将祸转化为福是一种能力,而将福长久地挽留住,更是一种能力!

　　有位 A 男子,买了幢有着大院子的房子。他刚搬进去,就对院子进行了全面的整顿,将那些不知名的花草树木连根拔起,换上了自己低廉但艳丽的花卉。某天,旧房主有事前来拜访,一进门就惊讶地大叫起来:

"那些名贵的牡丹哪里去了？还有我从远处特意买来的鹤兰呢？"A 男子这才发现，他居然把美丽优雅的牡丹和鹤兰扔掉了，顿时满心懊恼。

同样地，有个 B 男子也买了一幢有着大院子的房子，虽然院子杂乱不堪，但他什么都没有扔掉，只是微笑着做了一些简单的维护工作。转眼过了几个月，那些在冬天看起来像是杂树的植物，进入春天就开满了芬芳的鲜花；那些原本不起眼的小苗，竟然在初夏的时候一簇一簇地绽放金黄……整整一年过去，B 男子才确定哪些植物是没有用处的而进行铲除，并补充新苗，细心照料所有的花草树木，将自家的院子营造成令左右邻居都羡慕的美景。

人生就是这个花园！如果你像 A 男子一样很莽撞，没有耐心，即使把最好的东西留给你，你也会把它毁掉，让一个福变成一个祸！而如果你能像 B 男子一样沉着，面对尚不明朗的局面时能静待变化，再做修改，那么福就能长久地被你保存下来。人的一生算得上比较长，有时候，好、坏、祸、福根本不可能在短时间内区别出来。但我们可以把握的是自己的态度。如果我们能以宽容的眼睛去接纳那些不完美，甚至是令人流泪的疼痛和伤害，那么很多祸福都会在快乐的气氛中逐一转变，就像春天的花到了夏天才会结果一样，很多事情需要一些时间才能呈现好的结局。

心灵悄悄话
XIN LING QIAO QIAO HUA >>>

音乐家贝多芬说："人生来就是要历经痛苦和欢乐的，因此不妨这么说，最杰出的人总是用痛苦去换取欢乐。"

呵护你的激情

热情是主宰和激励我们一切才能的力量,如果没有激情,生命便会显得苍白和凄凉。

美国剧作家尼尔·西蒙曾在威廉学院毕业典礼上演说,当时他说,如果要用一个词最确切地表达出一生的主题,那就是激情。

尼尔·西蒙说:"热情是主宰和激励我一切才能的力量,如果没有激情,生命便会显得苍白和凄凉。"

只要你充满激情地做着适合自己的工作,你就会感到心灵与周围的世界紧密联系起来。只要你能常保激情,即使遭遇失落和痛苦,也能再次找到力量和自信,让生活得到改善,从坎坷艰难中走出来。

美国著名动画主角米老鼠的创造人华特·迪士尼曾经是一个不名一文的堪萨斯州的小伙子。他酷爱动画设计,曾经把自己的作品投给报社主编,却得到了"你根本不具备绘画才能"的答复。但是他却没有被这样的否决击败,而是坚持去找了一份接近绘画的工作——装饰教堂的宗教图案。

这样毫无创意的工作因为简单,所以收入极其微薄。可是华特·迪士尼并不在意,依然情绪高昂地努力游说,最后他终于将父亲的车库改装成了一个正式的画室。让他能拥有一个独立的空间,在自己的工作室里创造一个个令人喜爱的卡通形象。

因为内心充满了激情和热情,华特·迪士尼每天都很幸福,甚至很快就在某日得到了一个老鼠雏形的灵感。在让这只虚拟的老鼠诞生的过程

里，华特·迪士尼除了细心观察那些奔跑的、狡猾的四脚小动物外，还故意扔食物吸引它们的拜访。在不懈地努力下，他终于创造出米老鼠的形象，并因此得到人们的赞誉和认同。

华特·迪士尼成名后，依然保持原有的工作激情，他总是兴致勃勃地奔走于大自然和动物园间，并创造出更多动人的动画形象。华特·迪士尼曾说："你一定要做自己喜欢的事，才会有所成就。"

幸福总容易让人留恋于尘世的繁华，忘记了内心的力量，遗忘当初的激情。但任何一个人，如果希望活得有成就并且充实，就必须保持一定的激情，也就是对事业、家庭、朋友的激情。如果丧失了激情，就会丧失幸福和快乐。

美国近代著名的作家杰克·伦敦，就是一个在激情中抗争、在激情中成功，最后又在激情中消亡的例子。他的一生，是一个让人叹息的大悲剧。

杰克·伦敦出生在一个极度贫寒的家庭，他从 11 岁开始就外出打零工谋生。等到 14 岁的时候，倨傲狂野的他用借来的钱购买了一条小船，加入偷袭私人牡蛎场的队伍中，希望能尽快改善穷困的处境。

然而，这样的愿望并没有机会实现，他很快就被捕，并被罚做苦工，饱受折磨。等到重获自由之后，他成了一个水手，开始了远航的生涯。在这期间，除了开阔眼界、增长见识外，他对生活一片茫然，没有什么明确的打算。

后来，杰克·伦敦接触到的一本书彻底改变了他，让他狂热地喜欢上阅读和创作。尽管生活还是那么残酷，他还是那么贫穷，但是，在他看来，只要能够看到书，那就是世界上最美妙的房子和面包了。

有了激情的杰克·伦敦专注地沉浸在文学的海洋中，尽一切可能自学，甚至还考进了加州大学。可是贫穷和灾难仍苦苦相逼，让他的学业无法继续，就连他的写作激情也在现实的饥寒交迫中开始萎缩。迫于生计，

杰克·伦敦放下梦想,加入了席卷全美洲的淘金热里,与家人去了阿拉斯加。

杰克·伦敦的黄金梦很快就破灭了,身染重病的他回到了家里。这时,他对文学那一点点幸存的激情再度燃烧起来,凭借着丰富的人生体验和犀利泼辣的文笔,他不断地读书和写作,在每天工作19个小时的情况下,他的第一篇小说《给猎人》终于成功发表了,然后就是第一部短篇小说集《狼之子》的问世,让他成功地得到了社会大众广泛的好评。

然而,杰克·伦敦却被扑面而来的财富蒙蔽了心灵。品味到金钱的魔力后,他公开声明自己写作的目的就是为了钱。为了得到更多的钱,他甚至写出了一些非常荒唐的低劣之作。没过多久,他热爱生活与事业的激情就被贪婪和奢侈的不良习性给彻底消灭了。曾经伟大的作家杰克·伦敦,便在迷惘中用自杀结束了他40年的一生,留给后人好坏杂陈的49部著作。

这是一部因激情荡漾而走向巅峰,又因激情沦丧而沉入地狱的实录!杰克·伦敦早期的挫折确实让人同情,但他在后期所爆发出来的一种报复性的享受和颓废,却更让人觉得悲哀。

生活不是一场舞会,不可能总有美妙的音乐、鲜花或优雅的公主、王子。获利不应该是生活的终极目的,它只是一段过程,未来充满了可能和机遇,人们必须充分利用这些可能和机遇,才能实现心愿。

没有家传祖业,没有飞来好运,没有天降神迹……认真依靠实力去改变逆境的人,才懂得生活的艰辛,懂得人心的珍贵,更懂得财富的意义。就像适度的疾病能够让我们增强免疫力一样,某些时候,生活上的一些打击,会比一直保持平顺来得好。当我们在迎接一些困苦的时候,可以将其想象成一味清醒剂,提醒自己不要忘记充满激情地继续生活下去。即使再悲惨,即使没有希望,我们也要保存自己的一点点激情!

真正的激情,不是放纵自己为所欲为,也不是气焰冲天、旁若无人,更不是怨天尤人地咒骂,而是一种不卑不亢的态度,一种不轻易放弃和服输

的智慧。

就像迪斯尼乐园永远没有完工的一天一样,只要这世上还有想象力存在,它就会继续建造、成长。人类的生活充满了各种变化,只要你还有一点点激情,再出发,再开始,完成一个冒险、实现一个心愿的时机就是现在!

心灵悄悄话
XIN LING QIAO QIAO HUA >>>

悲观主义者永远不会发现星球的奥秘,也不敢航行到地图上未标明的区域,更不敢开辟通向人类心灵的新天地。

第七篇 >>>
保持积极的心态

厄运是一个不速之客，它总爱在人们最脆弱的时候出手。

很多时候，人们盼望有神从天而降，改变自己的不幸。可是，你看那么多人拿着香去庙里磕头许愿，有几个最后真的如愿以偿了？

再看看身边那些脱离困境的人，好像都是把更多的时间用在积极勤奋的工作中，为自己创造出幸运之神，让生活恢复光明。因此，请保留一份勇气和信念在心中，当厄运来访时，你才能奋力还击，化险为夷。

吸引幸运之神的关注

如果你是懦夫,自己就是你最大的敌人;如果你是勇者,自己就是你最佳的朋友。面对失败,首先要有乐观积极的心态,正是你的态度决定了你是勇者还是懦夫。

在这个世界上,太多的人总是喜欢把手伸出去请求得到帮助,一旦没有实现愿望,就会满腹牢骚和抱怨,好像别人都亏欠他似的。这种想法很要不得,它就像一个小小的白蚁兵团,会一点点瓦解你的斗志,让你对未来心存侥幸,甚至迷失方向。

遇到困难最好的态度就是自己努力去解决。若是你凭借自身的力量仍无法冲出包围,再向人发出求救也不迟。而这个时候,除了帮助,你还将赢得尊重。

其实,不管什么时候,能够真正帮你走出困境的,其实还是你自己!很多时候,幸运之神或许会帮你一把,但更艰难的问题仍要靠你的态度和能力去掌控。当一个人的心变坚强了,生活才会变得稳固。

如果一个人总把自己的事情当作公务,要求大家的扶持,那么他基本上不可能实现自己的愿望。因为连你自己都是只等收获不懂付出的人,凭什么要求别人必须奉献?己所不欲,勿施于人。你自己都不愿意帮自己,还有谁会牺牲自己的利益,主动站出来为你排忧解难?

没有人可以永远保持幸运,但是如果有心,你可以开启一条特别的道路,吸引幸运之神多来拜访。如此,你才会在这个宝贵的机遇中创造自己的价值。天道酬勤,自助天助。

日本的管理之王松下幸之助刚开始创业的时候，身上只有很少的资金和一间租来的 2.5 平米的房子——完全就是一个飘摇不定的空壳公司。最初，他设计制作的产品不仅没有人购买，就连寄售的地方都得不到保障。但松下幸之助并没有放弃积极的自救，尽管心里充满了羞愧和不安，他还是鼓足勇气，准备再来一搏。迫不得已，松下幸之助满怀愧疚地捧着妻子的衣服进了当铺，拿回一点点钱用以周转。经历了这次毕生难忘的打击后，松下幸之助的事业逐渐开始有了转机。

随着一次又一次的挫折和伴随挫折而来的成功，松下幸之助越来越坚定决心，诚挚付出，终于让幸运之神光顾自己，成功造就了著名的松下产业。

每个人的生活都充满了未知数，幸运和厄运总会不定期地降临。但是，无论发生了什么，主动采取行动才是最根本有效的方法。面对幸运，要是毫无准备，有可能会眼睁睁地看着机会流逝；而面对厄运，与其被动忍耐，不如集中精力沉稳应对，让机会在挫折中越来越明晰。

求天、求地、求朋友，不如观音说的求自己。遇到好事能应对不是本领，遇到窘况能处理才是高明。

美国总统艾森豪威尔年幼时脾气暴躁，让他的母亲深感不安，决定为他进行有效的训练。于是，母亲带着他一起玩扑克牌，希望通过这种竞技让他的情绪变得安稳。

有一次，艾森豪威尔又对抓到手里的差牌抱怨不休，甚至大嚷不公平，想要重新洗牌。母亲见状严厉地将他叫到一边，非常严肃地说："没有人可以决定抓到手里的牌是好是坏。你加入了这场比赛，即使很不满意自己的牌，也必须遵守规则，坚持玩下去。人生就和玩牌一样，无论发给你的牌是好是坏，都只能毫无选择地牢牢握着。你能做出的最好应对，就是别让焦虑和浮躁阻拦你的智慧，尽可能认真对待，把已有的牌打好，争取获得最好的结果。"

母亲的一番训斥打动了艾森豪威尔的心。人生确实如同打牌，尽管人人都期望得到好牌，但漫长的生涯中，总会拿到不好的牌。遇到这样的情形时，如果你只会喋喋不休地埋怨，那么只能招来别人的嘲讽和轻视；但如果你能振作起精神，坦然面对牌局，巧妙地运用各种机会运筹帷幄，相信一定可以让失利缩减到最低程度，这就是另一种胜利。

艾森豪威尔从此牢记母亲的训导，把时间和精力用在积极的进取中。不管手里的牌如何，艾森豪威尔都不放弃，尽力扭转劣势。

他的乐观和豁达在无意间吸引了更多的机遇和运气。很快地，他就从一名默默无闻的平民成为作战勇猛的中校、指挥得当的盟军统帅，最后成为美国的总统，将幸运之神的吻留在了自己的额头。

美国建筑师法兰克说："如果你是懦夫，自己就是你最大的敌人；如果你是勇者，自己就是你最佳的朋友。面对失败，首先要有乐观积极的心态，正是你的态度决定了你是勇者还是懦夫。"

乐观开朗的人身上有格外的芳香，能让幸运之神的目光久久停驻。为了自己的美好前程，勇敢地做一个快乐独立的自己吧！

心灵悄悄话
XIN LING QIAO QIAO HUA >>>

快乐，是精神和肉体的朝气，是希望和信念，是对自己现在和未来的信心，是一切都该如此进行的信心。

和梦想一起出发

面对未来,除了选择乐观、坚强外,真正的智者还应轻装出发,寻找走出泥沼的良方。

你是否因为不断遭受挫败而痛苦?是否因为自己的激情与理想被现实击溃而放弃?是否因为压力过大、负担沉重而步履维艰?……

每个人的不顺利都有很多原因,除了天时、地利,其实决定成败的关键还是自己!

很多时候,你的失败并非代表你能力不够、机遇不好,而是你的顾虑太多、负重太沉。就像出远门时需要精简行李一样,为了保存实力,我们只需带最必要的物品。请你在做任何事情前,认真检查随身的行李,仔细斟酌,放下一些不必要的包袱,丢掉一些烦琐的负担,然后再用舒缓的脚步出发。

毫无疑问,不给自己多余的压力,成功的概率就会提高。意大利男高音帕瓦罗蒂就是一个典型的例子。

帕瓦罗蒂从小就对音乐充满了无限热情,五岁时他就成了著名的小明星,先后跟随两个当时颇有名气的男高音学习,赢得了老师和朋友的肯定。但是,就在他志得意满感觉马上就要撼动世界的时候,他所举办的两场独唱音乐会竟然都不受人们的重视,使他成为一个职业歌唱家的梦想瞬间变成泡影,帕瓦罗蒂也从最初的乐观自信变得消沉悲观起来。

过度的忧伤影响了帕瓦罗蒂的身体,他不仅声带出现了问题,歌唱水平也迅速下降。痛苦万分的帕瓦罗蒂感到前途无限黑暗,绝望之下,他打

算再开一场演唱会,作为终结演艺生涯的告别会。

就在帕瓦罗蒂打消一切顾虑,只为最爱的音乐而引吭高歌的时候,奇迹发生了!他那美妙的嗓音竟然绽放出黄金般迷人的光芒,吸引了所有的听众。人们都说,这是来自天堂的歌喉!

之后,帕瓦罗蒂的好运接踵而至,得到世界著名男高音费努齐塔利·阿维尼的赞赏,获得国际声乐大赛的第一名,并登上了"当代歌王"的宝座。放下包袱往前走的帕瓦罗蒂,终于创造了一个美妙的结局。

在通往目标的道路上,如果总是瞻前顾后,只会让行动迟缓,甚至出现失误。只有放下影响速度和方向的负担,才能激发出那些未被发掘的力量,挑战所有的不利。

然而,并不是所有人都能放下无用的包袱,很多人依然会把过分的追求、强烈的物欲等全部塞进自己的行囊,然后沿途抱怨着、愤怒着,再艰难地迈步。

1958 年的诺贝尔文学奖得主俄国诗人巴斯特纳克,也是一个懂得放下包袱轻装出发的聪明人。音乐是他曾经给自己确定的人生方向,他很早就开始了这方面的训练和学习,23 岁那年,他开始独立作曲,希望成为一位杰出的作曲家。

然而,漫长的六年过去了,巴斯特纳克虽然在圈内有了一定影响,却没有更大的突破。最让巴斯特纳克痛苦的是,他越是投入精力和时间进行学习,就越看到自己的不足和缺陷。也就是说,尽管很不愿意相信,但他必须承认自己无法在当时的环境中脱颖而出,发挥独特的优势。思考了很久以后,巴斯特纳克决定放弃音乐,放下压在头顶的这个失败,进入一个新领域去发掘自己的潜能,收获属于自己的胜利果实。

懂得选择和放弃的人,总有一双智慧的眼睛和勤劳的双手。事实证明,巴斯特纳克的这个人生大转变极为成功!他用自己的生花妙笔在竞争激烈的文坛里取得了重大成就。

每个人都希望生活的目标能单纯一致,但现实生活却总是充满了无

数变化。如果我们能像巴斯特纳克一样，坦然面对挫败和失利，放下旧而沉的负担，就能发掘出一条改变命运的小路，使我们发挥出超常的潜能，并能在坚持中创造奇迹。

没有包袱的行走是轻松快乐的，要是束缚了脚步，不仅无法抵达目标，还可能被自己的拘谨绊倒，最后只能伤痕累累地羡慕别人的惬意。而这些阻挠我们的包袱，除了有因为过去的成功所产生的得意外，也有失败的沮丧，还有不知天高地厚的狂妄，以及总爱逃避的怯懦……这些东西都在影响着我们的脚步，都应该被果断地放弃！

曾有一位美国的地产商人，在生意失败时一度负债上亿。他曾把自己和街头流浪的乞丐做比较，提出"乞丐的资产过亿"的说法。他的解释是，这些人虽然目前资产为零，但是他们没有任何负债，而且还可能正在积累发展；而自己负债上亿，等于是一无所有，连零都不算。因此，从某种角度来看，乞丐的无负债其实可以说是拥有了很多。

我们姑且不去谈论这个言论的对错与好坏，只是用这个例子说明，没有负担的人是最富有的，因为他们每一次的收获都是实际的增加。而那些把负担宝贝般藏在怀里的人，不仅无法保全辛苦赢得的名利和财富，就连梦想也可能被自己的不良情绪破坏掉，成为一场空。

美国作家海明威说："人可以被毁灭，但不能被打败。"所有的挫败都是经验，都是过去的尘埃，丝毫不应动摇我们的决心和斗志。

1942年12月，科学家爱迪生的实验室发生了一场意外的火灾，所有的实验器材和实验数据、记录等都在大火中化为灰烬，损失难以计数。人们都很惶恐，担心爱迪生无法承受如此大的打击，于是都异常小心地观察他的表现。

让人惊叹的是，爱迪生却超乎寻常地平静，什么抱怨都没有，甚至连眉头都没有皱一下，俨然完全接受了这样的残酷安排。

大火过后的3个星期，就在世人的不看好之下，爱迪生如期推出了他的第一部留声机，新技术的诞生顿时消除了人们对他的质疑。

可以想象,如果爱迪生把这次打击背负在身上,沉沦于负面的情绪之中,那他绝对无法对这次挫败进行补救。所幸的是,爱迪生把这个挫败当成一个恶作剧,冷静地抛在脑后,坦然而平静地往前走。他的沉稳和乐观,不仅打动了身边的每一个人,也克服了自己巨大的心理障碍,顺利实现了原计划中的新发明。

有句话说得好,对于那些内心充满快乐的人而言,所有的过程都是美妙的。

心灵悄悄话
XIN LING QIAO QIAO HUA >>>

乐观就是在一个灾难中看到一个希望,悲观就是在一个希望中看到一个灾难。

让童真给人生增加一点色彩

一个人如能让自己经常维持孩子一般纯洁的心灵,带着乐观的心情做事,用善良的心肠待人,光明磊落,他的人生一定比别人快乐得多。

如果把世界简单地平分,一部分属于孩子,一部分属于成人,那么,人们会清晰地发现:孩子的圈子里笑声更多,更响亮,也更纯粹!

放眼望去,无数的成人为了不被社会淘汰,忽略了一个又一个感动,放弃了寻找快乐的权利,整天埋首于永远都做不完的工作中,在各种各样的焦虑中逐渐丧失了寻找幸福的能力。

辛苦的人难道不需要快乐吗?如果苦闷低沉是成功的代价,那么还要成功干什么?

如果一个人在辛苦艰难的时候无法看到希望和未来,无法开怀大笑,不去设法替坎坷的命运找一个平衡点,只是任由琐碎而烦闷的生活压力浇灭自己的热情,那么,即使成功的机会来临,他也无法从容地享受快乐与幸福。

幸运之神很挑剔,它只青睐乐观、自信和有准备的人。

请做一点点改变吧,像孩子一样单纯,想哭就哭一阵子,然后认真努力地发掘生活的乐趣,尽情地享受自己的快乐。

南非传奇人物纳尔逊·曼德拉曾经因抗议白人的种族主义而被判终身监禁。他所受的苦令人难以想象,但他依然保持孩童般乐天的情怀,乐观进取,最后终于获得了自由,并且还成为南非第一任黑人总统,以及世界上最受敬重的政治家之一。

曼德拉曾在4平方米的狭小牢房中艰苦生存，然而，冰冷的水泥地和刺骨的海风冷却的只是他的肉体，他的思想和智慧却在险恶的条件下继续火热地发芽开花。除了按照规定完成劳役外，曼德拉让自己时刻绽放笑容，他从书本、绘画、养花、音乐、写信中发现一个又一个乐趣，并以此来鼓励所有陷入困境的人，包括他自己。

对于生活和死亡，曼德拉有自己独特的见解，他认为人的寿命取决于自己的态度，取决于哪些事件能够避免和哪些事件无法避免。即使面对死亡，也不需要多想死的可能性。因为，死亡是有备而来的，多虑只会让人失去应有的快乐。

尽管情况不乐观，曼德拉仍有心情制订自己的养生计划，丝毫不因为现状而丧失希望。

曼德拉幸运地走出那个黑暗的禁地时，他对全世界大声宣布："当我走出囚室，迈过通往自由的监狱大门时，我已经清楚，自己若不能把悲痛与怨恨留在身后，那么我其实仍在狱中。"

后来，他还在84岁时举办了个人画展，所有的作品都是以监狱生活为主题。他用独特的、轻松明快的风格讲述自己的故事，并对人们说："我想用乐观的色彩来画下那个岛，这也是我想与全世界人民分享的。我想告诉大家，只要我们能接受生命中的挑战，连最奇异的梦想都可实现！"

27载的铁窗生涯没有让曼德拉成为一个懦弱悲观的糟老头，反而替他营造出别样的动人光彩，曼德拉乐观执着地等待机会降临，最后他终于成功地完成了自己的使命，让自己从茧中绚丽脱身，变成光芒四射的蝴蝶。

其实，感受快乐的权利一直都在我们自己身上。我们的心制约着自己的行动，而由心控制的情绪调整着前行的步伐。只要能释放出自己的童真，快乐真的很简单！

即使环境艰难，为了未来，我们也必须主动制造快乐，让不顺利的环

境在自己的情绪中模糊,然后一点点消失。

就像身陷囹圄的曼德拉,他代表的是一种永远都不会屈服和妥协的精神。

在如此艰难的环境中,他尚且能从自己感兴趣的事物中寻找到快乐,并且把快乐分享出去,带领更多人一起领悟,那我们这些无拘无束、只是偶尔遭受一些打击的都市人跟他比起来,我们得到快乐的机会难道会比黑暗中的囚犯更少吗?

当你抱怨自己得到太少的时候,请用心去看那些真正缺少自由和财富的人,当你在看到真相后,还能心安理得地伸手或者抱怨自己的委屈吗?

法国著名作家罗曼·罗兰说:"一个人如能让自己经常维持孩子一般纯洁的心灵,带着乐观的心情做事,用善良的心肠待人,光明磊落,他的人生一定比别人快乐得多。"

孩子们经常感到快乐,那是因为他们很知足,很坦然。如果我们能和孩子一样没有杂念地选择自己的需要,那快乐的机会就会越来越多!

请为自己的感情增加一点童真的浪漫,当坎坷来临时,拒绝沉沦,拒绝悲伤,更拒绝堕落,咬紧牙关和命运抗争。若是你能以这样顽强而快乐的态度生活,绝对可以远离磨难,拥抱快乐。

1877 年,现代舞之母邓肯出生于美国。在她正式登上世界舞坛之前,就是靠着孩童般纯真而不屈的精神,让自己创立的舞蹈跻身艺术殿堂。

当邓肯凭借优美的舞姿穿行于许多富豪家中教学生时,如果她只看重眼前的利益,只想着维持自己不菲的收入,那么世上多的将只是一个庸碌的舞者,而非伟大的艺术家。但她却用一颗孩子般热烈的心,创作自己的新舞蹈——一种解放心灵、摆脱束缚的现代舞。为了宣传自己的创作,她放弃了一个个待遇不错的工作,坚持理想,绝不妥协。

最后,邓肯的舞蹈震动了纽约舞蹈界,她很快就得到社会各界的认可

与赞赏，实现了她一直渴盼的梦想。可以这么说，是邓肯的坚持为她的人生添上一笔最瑰丽的色彩！

生活并不曾优待任何人，但如果你的眼睛像孩子一样明亮，心灵像孩子一样纯真，就能及早看见快乐，并放大快乐，那么你的幸福就会多一点；如果你的眼睛被压力蒙蔽，就只能看见生活的粗鄙和不堪，那么，你的苦日子就真的无法改变了。

心灵悄悄话
XIN LING QIAO QIAO HUA >>>

俄国作家高尔基说："命运不能妨碍我们的欢乐，让它来胁迫我们吧！我们还是要欢笑度日。只有傻瓜才不是这样。"如果你愿意享受幸福和快乐，那就像孩子一样微笑吧，让所有的不幸都自动走开！

你是被"我不能"打败的

在命运向你掷来一把刀的时候,你可能会抓住它的两个地方,刀口或刀柄。如果你抓住了刀口,它会割伤你,甚至让你死亡;但如果你抓住了刀柄,就可以用它打开一条大道。

世界很奇妙,即使一个人再努力、再勤奋,总会有一些意外的打击猝然发生,比如失业、投资失败、疾病、感情受挫……太多的不如意,就像凶猛的怪兽,随时都在张牙舞爪地向你奔来!

当你遇到这些不如意时,你是选择束手就擒,还是进行抗击?

事实上,大多数人都会选择正面应对。但是,为什么我们还是会经历一场又一场的失败呢?仔细审视我们的生活细节,你就能惊讶地发现,打败我们的,其实并不是不如意本身,而是一种叫作"我不能"的情绪。它会在我们进行抵抗的过程中,发挥极大的破坏作用。

真的,当你钱包干瘪的时候,你就会放弃与人交流沟通,总觉得别人都在嘲笑你;当你的事业不顺利时,你就会格外沮丧,总觉得所有的机会都在离你远去;当你患上疾病时,你就会发现治疗的过程是那么漫长,而疗效又是那么微弱……

总之,当挫折和厄运突然降临的那一刻,那个叫作"我不能"的情绪就会悄悄左右你的行动,反复向你证明你的不幸是难以改变的。有了这样糟糕的暗示,人怎么能保持与厄运决斗的信心,怎么能激励自己抗击挫败呢?

一旦我们的心情黯然,精神就会松懈,肉体和灵魂也会跟着颓废起来,厄运自然就会不战而胜,而你即使是上了场也必败无疑!

人们每时每刻都在应对挫败和打击，也在迎接变化和机会。不管是真实的生活，还是激烈的比赛，最讲究的就是参与者的心态。如果一个人心态好，即使环境和条件有所欠缺，仍能轻易找到机会创造奇迹。就像骑手和马一起参加比赛，如果骑手在往前冲的时候分心，一会儿顾虑别人的速度和表现，一会儿又担心自己能否抢占优势，那么他肯定会失去平常的水平，导致失利。

放下不必要的顾虑，努力付出，你才能最大程度地保护自己，甚至改变逆境。

如同成功大师拿破仑·希尔所说："在命运向你掷来一把刀的时候，你可能会抓住它的两个地方，刀口或刀柄。如果你抓住了刀口，它会割伤你，甚至让你死亡；但如果你抓住了刀柄，就可以用它打开一条大道。"

有百年历史的世界著名时装品牌香奈儿的创始人嘉伯丽·香奈儿，是一个出生于法国贫民收容所的私生女，一个从社会底层走出来的女人。上帝给她的最大财富就是美貌和智慧，不管什么时候，香奈儿都不肯屈服于卑微的出身，而她也充分利用自己的这两个利器，实现自我理想。

尽管经历了一些坎坷，但是香奈儿未曾因此放弃梦想。当她有幸遇到生命的贵人时，她便牢牢地抓住了机会，而且让机会无限扩大。她和许多跟她同样命运的人很不一样，香奈儿身上有股强烈的自信，让人不得不被她吸引，然后给予她帮助。

随着名利的来临，人们的非议和鄙视无孔不入地侵入香奈儿的生活。香奈儿痛苦地发现自己的未来必须得到永远的保障，而且还得过得有尊严。因此，香奈儿决定凭借自己的能力，创建一个自己的、不依附于任何人的美丽宫殿。于是，香奈儿选择了永不回头的工作！

香奈儿曾对资助自己生意的情人说："当我不再需要你的帮助时，我才会明白，我是爱你的。"

然而，当情人西敏公爵要她放弃事业嫁给他的时候，她果敢地宣布："公爵夫人多的是，可香奈儿却只有一个。"

香奈儿就像一个女战士,她抛弃了"一个没有受过专业训练的女人不可能设计服装,引领时尚"的传统想法,适当地利用时机,让一种优雅的生活方式和服装品牌进入了人们的生活。从她身上散发出的希望之光,被一种不屈的勇气笼罩着,然后演绎成一片繁华。

当你觉得一切有望的时候,那事情就真的有望了。因为"我不能"就像一剂毒药,可以从内部摧毁你的反抗,让挫折不战而胜。而"我可以""我能""我行"则可以让你勤恳付出,直到战胜所有的窘迫。

生活永远都是这样的,你不知道这次经历会带给你更好的变化,还是让你进入恶性循环。但可以肯定地说,当一个看起来似乎没有希望的尝试来临时,如果你不努力,而是沮丧抱怨,那不幸肯定就会变成现实!

人不是被那些磨难打败的,能让你退缩的,是自己的绝望和猜疑!若身处不利还能保持自信和希望,相信厄运终会逐一消除。

美国作家埃默森说:"只有肤浅的人才相信运气,坚强的人相信凡事有因必有果,一切事物皆有规律!"而这个规律,首先就是不认输的信念。

面对挫败,如果能积极地总结经验及教训,强化自己的优势,拿出所有的勇气与智慧坚持下去,那么这样的人不成功也难!

只要一个人奋力向前,永不绝望,哪怕时运不济,最终也会赢得属于自己的光彩和地位。

心灵悄悄话
XIN LING QIAO QIAO HUA >>>

遭遇不幸时,请认真思考一下,最糟糕的情况可能是什么?正视这种不幸,找到充分的理由让自己相信,这根本算不上是多么艰难的事!

悲观伤人伤己

人是社会性的动物,需要集体活动,彼此之间相互关怀、相互辅助。所以,悲观和乐观表面上看起来像是一个人的生活态度,其实它影响的却是很大范围的一个区域,甚至更广。

也许你不知道,哭泣和抱怨虽然只是无形的情绪,却潜藏着超强的杀伤力,让你直接表露出无奈和绝望,让你最亲密的家人成为受害者。

所以,不管遭遇多大的困难,每个人都应该保持坚强乐观,让希望的火焰继续燃烧下去。也许一个微笑,一个肯定,就能改变一个人的命运。

一个男子打完仗回到国内,他提前给父母打电话,告知自己即将返家的喜讯,同时请求父母同意他带一个受伤的好友回家共同生活,因为那个生活不便的战友无处可去。

父母很高兴儿子平安归来,却不愿意帮助儿子失去一条胳膊和一条腿的战友,他们认为这样会打扰他们正常的生活,为他们增添麻烦。所以,无论儿子怎么恳求,父母还是坚决地拒绝。他们的理由很简单,一个只有一条胳膊和一条腿的人就是个废物,是需要被人照顾的。最后儿子没有和父母继续争辩,而是挂了电话。

返家的战士越来越多,这对父母却见不到自己的儿子。几天后,焦急的父母突然接到警察局的电话,说儿子已从高楼上坠地而死,现场勘查结果为自杀。万分悲恸的父母进入冰冷的太平间与儿子告别,这时他们竟惊愕地发现,儿子只有一条胳膊和一条腿。这是一个让人潸然泪下的故事! 这家的儿子是一个敏感的人,他对自己的残疾自卑而疑虑,不知道这

样的状态能否得到家人的接纳和社会的认可,所以他提前试探父母,然而他的父母对残疾人士的轻视摧毁了他的希望!

抛开儿子的不坚强,我们完全有理由认为,是父母的冷漠、悲观和消极杀死了自己的儿子。如果父母当时答应儿子的要求,并对儿子残疾的战友表示关怀和理解,用乐观宽容的态度欢迎一个陌生人的到来,那儿子一定能释放心中的压力,最后也绝对不可能走上绝路。

任何一种形式的悲观,对人而言都是伤害!

我们的生活随时可能面临一个崭新的开始,而这样的开始,除了自己的信心外,还需要家人和朋友的支持。如果你是一个悲观而冷漠的人,对未来充满了焦虑,总是畏惧困难,随时有放弃的念头,就可能影响到自己的亲人,让他们在渴望得到帮助时不得已放弃了希望。

一般来说,乐观的父母能熏染出乐观的子女,当一个家里的所有成员都坚定开朗时,他们对抗外力侵扰的能力就会无限扩大,反之则一触即溃。

相信自己可以改变挫败!相信困难只是一个过客,而不是终结!每一次的失败和变化,都蕴涵了无数机会,需要我们加倍努力去赢得好结果。

面对突然发生的变化,只要你不惊慌,冷静地分析应对,你就会猛然发现,原来生活存在如此多的不足,这次的变故真的微不足道。而这样的停顿,已经帮你转变视角去看待问题,找出解决方案就水到渠成了。这样,一个变故带来的伤害,马上就会被另外一个机会代替,生活又变得有趣快乐了。

圣人姜子牙可以算是个超级乐观的人,相传他年轻时曾当过屠夫,也开过酒店,日子过得很穷困。然而在遭受许多人的白眼和冷落后,他还是固执地相信自己满腹经纶必有用武之地,能够封侯拜相。甚至在妻子弃他而去之后,他也不放弃目标,依然韬光养晦,在渭水之滨的西周领地磻

溪使用无饵直竿垂钓,等待明君的到来。因为他不懈地坚持和乐观地期盼,终于让求贤若渴的周文王发现其治国之才,拜他为国师,邀入宫中共商大计。

姜子牙在 80 岁时才正式闪烁光芒,但有几个人能如他坚持到白发苍苍的 80 岁?而他的妻子,已经陪他苦熬大半生了,却因为悲观绝望,在最后几年放弃了,想想还是挺可惜的。

不被人相信时表现出来的乐观才是真乐观,才是可以改变一切的巨大能量。

姜子牙对自己的才能非常了解,机会没有降临的时候,他用旁人无法理解的淡定接受暂时的不完美,用乐观和执着坚定地走下去。而他的妻子,则在巨大的"不可能"的暗示中黯然退场。

坏心情是一个毒瘤,它会随着你的悲哀越来越严重,让你的情绪变得烦躁不安,让眼前的困惑彻底变成无法制伏的怪兽。最终,你也许就真的只能任由命运摆布了!

一位英国作家曾说:"最幸福的似乎是那些并无特别原因而快乐的人,他们仅仅因快乐而快乐。"只要你想快乐,想要积极思考问题,那么再大的困难也没有理由让你的天空变成灰色。

心灵悄悄话
XIN LING QIAO QIAO HUA >>>

最幸福的似乎是那些并无特别原因而快乐的人,他们仅仅因快乐而快乐。让我们都学会乐观坦然地面对生活吧,接受那些不完美,让周围的人因你的存在而感到快乐!

第八篇 >>>

快乐其实就在你身边

　　快乐不由任何的外在物质来衡量，它存在于你生活中的每一个角落、每一个瞬间。幸福是你的朋友、你的爱人、你的工作、你的健康……快乐是那些琐碎而细微的小快乐，它平凡得招之即来，无处不在。快乐触手可及，只要你不再气喘吁吁、穷尽一生地追着幸福快乐的尾巴跑，快乐就会找到你!

　　快乐就是自己战胜自己，快乐就是把爱带给大家，快乐就是让周围的人幸福，快乐就是让爱自己人放心，快乐就是无时无刻的惦念，快乐就是让阳光进来驱走黑暗。快乐其实很简单，快乐其实就在你身边。

决定其实就在你身边

快乐掌握在自己手中

在这个世界上,存在着这样两种截然相反的人:一种人生活在冬天,他们却很乐观,因为他们认为冬天既然来了,春天还会远吗? 一种人生活在春天,可他们却很悲观,因为他们觉得好花不常开、好景不常在,春天迟早会过去,冬天早晚是要来的。相比之下,这两种人哪种人更快乐些呢?

快乐的人总是乐观积极地面对生活。他们走在寻找快乐的路上。他们认为,自己走过的路越多,自己的生活就越丰富,自己的视野就越开阔,自己的思想就越深邃,自己的胸襟就越宽广,自己的生命就越精彩,自己离快乐也就越来越近。他们认为,快乐就是不断去挑战未知的一切,比如去创业。他们认为,自己的快乐掌握在自己手中。

有一位清洁工人,每天天刚蒙蒙亮他便开始清扫污物与尘土,清理垃圾箱,清扫大街,如此数十年如一日。站在任何人的角度上看,清洁工这种工作都不易做,它既不受人尊重,收入又不多。但令人感到吃惊的是,清洁工的脸上却始终挂着灿烂的笑容。有一天,一位对此感到非常好奇的小伙子向他问道:"难道您不累么? 怎么每天您都是一副幸福快乐的表情呢?"对于小伙子的提问,清洁工的回答倒是十分简单。

"因为我在帮助地球清扫它的一角!"

这就是幸福之人所持有的心态。在这位清洁工人看来,他所做的事情并不是为"挣钱",亦不是在"扫大街",而是在"清扫地球的一角"。认为自己在"清扫地球一角"的心态,显然要比"挣钱"或"扫大街"更具意义。幸福之人总是将这种意义摆在首位,以这种心态来面对世界。

很久以前，有一个年轻人，他总是感到自己的生活不尽如人意，于是他便经常去"算命"。一天，他听说山上寺庙里有一位禅师很有道行，他就急忙去向禅师请教："大师，请您告诉我，这个世界上真的有命运之说吗？"

"有的。"禅师轻声回答。

"噢，那我是不是命中注定与幸福无缘呢？"禅师听罢此话，便示意这个年轻人伸出他的左手，大师的目光停留在年轻人的手掌之上，然后对他说："请看，这条是爱情线，这条是事业线，另外一条就是生命线。"

之后，禅师让年轻人把手紧紧握起来。继而问道："年轻人，你说现在这几根线在哪里？"

年轻人迷惑地说："当然是在我的手里啊！"

"那么你说幸福在哪里呢？"

年轻人恍然大悟，原来幸福和快乐是掌握在自己手里的。

创造快乐是一个过程，在这个过程中，极其需要我们的主动和积极。自己去主动营造快乐的心情，被动地等待别人的帮助就等于是慢性自杀，其他人也有很多自身的问题要解决，根本无暇顾及你的感受。所以，只有自己才能把自己从不快乐中解救出来，切记，幸福就在你自己的手中。

卡耐基有一句话："心中充满快乐的思想，我们就快乐。想着悲惨的事，我们就会悲伤。心中满是恐惧的念头，我们必会害怕。怀着病态的思想，我们真的可能会生病。想着失败，则一定不可能会成功。老是自怜的人，别人只有想法避开他。"其实他的这句话，同圣人老子说的"甘美食，美其服，安其居，乐其俗"意思相近，前者通俗易懂，后者耐人寻味。

由此可见，一个人是否幸福快乐在一定程度上与自己的心态有关。

幸福是一种感觉，要我们用心灵去发现，细致地体验，敏锐地感受。什么都可以是幸福快乐的源泉，只要你敞开心灵，它们就会一直在你身边。

若遇到挫折，就学会自我鼓励打气，自信以后定会成功；遇到悲伤的

事,就学会忘记;被人激怒,学会平静……这都需要一个良好的心态,也就是换一个对自己身心有利的想法。

面临一些突发的、对自己不利的事件时,人们无法判断出事情的后果,这就需要调整自己的心态,冷静下来思考:"可能发生的最坏状况是什么?"然后准备接受最坏的状况并冷静的谋求改进之道。得到坏的结果,就用贝多芬的话来安慰自己吧:"我们这些具有无限精神而有限的人,就是为了痛苦和快乐而生的,几乎可以说:最优秀的人通过痛苦才得到快乐。"

快乐是什么,就是一种感觉,自我感觉良好,就会感到很快乐。快乐是由心态决定的,学会对生活中发生的事,用愉快的、对身心有利的心态去思索,就会时时有快乐的感觉。唯有积极的心态才是我们始终都要秉持的人生态度。

心灵悄悄话
XIN LING QIAO QIAO HUA >>>

幸福和快乐并不与财富、地位、声望和婚姻同步,她只是你心灵的感觉,谁也给不了你。快乐永远掌握在自己手中,自己营造的快乐才会有长久的人生愉悦感。

找到让自己快乐的东西

快乐不是获得更多的金钱与财富,而是得到最适合自己的东西。幸福是可以选择的,我们在选择之前,首先要弄明白自己内心真正需要的是什么,那个能带给你快乐的东西才真正能够使你获得幸福。

一位刚捕完鱼,饱餐了一顿的渔夫在沙滩上晒太阳,一个富翁走过来问:"这么好的天,你为什么不去捕鱼?"

渔夫说:"我已经捕过鱼了,现在在享受太阳!"

富人说:"那你怎么不趁着好天气多捕些鱼呢?"

渔夫反问:"为什么要多捕些鱼?"

富人说:"捕多些鱼你就可以拿到集市上卖,然后你就会有更多的钱。"

渔夫回答:"有更多的钱做什么?"

富人说:"有了更多的钱,你就可以买一艘大船去捕鱼,还可以雇佣几个帮手。"

渔夫问:"买大船,雇佣帮手干什么?"

富人觉得穷人笨得很奇怪,便说:"有了大船和帮手,你就可以赚更多更多的钱,你可以多买几条船,捕大量的鱼,直到卖不完,开鱼类加工公司。"渔夫问:"然后呢?"富人说:"然后赚大量的钱,多开几家公司,做董事长。再然后你就可以像我一样,能舒舒服服地在这里晒太阳了。"

渔夫笑着反诘道:"我现在不正在晒太阳吗?"

据有关机构统计,在美国,有 50% 的人对自己的工作不甚满意。但哈佛博士本·沙哈尔认为,这些人之所以不开心,并不是因为他们别无选择,而是他们做出的决定令自己不开心。因为他们首先看重的是物质与财富,随后才是快乐和意义。

本·沙哈尔说:"金钱和幸福,都是生活的必需品,并非互相排斥。"

对于许多正在社会上打拼的年轻人来说,工作总是困扰着他们,影响着生活的质量和心情。很多人把自己喜怒哀乐的权利统统交给了工作,甘愿受工作影响,主要原因就在于金钱对生活的平衡。

根据美国心理学家戴维·迈尔斯和埃德·迪纳的研究证实,财富是一种很差的衡量幸福的标准。人们并没有随着社会财富的增加而变得更加幸福。在大多数国家,收入和幸福的相关性是可以忽略不计的,只有在最贫穷的国家里,收入才是适宜的标准。

一天,一只母鸡啄来啄去,满地寻找食物,它要给自己和孩子寻找可以填饱肚子的东西。突然间,它从一堆树叶中发现了一颗珍珠,它惋惜地说:"如果你的主人找到了你,他会非常高兴地把你捡起来,把你当成宝贵的财富,可我要寻找的是米粒,不是你,对我来说,你毫无用处,一文不值啊!世界上所有的珍珠,都不如一颗米粒对我有吸引力。"

一个无所事事的穷人说:有钱就是幸福。

一个匆匆忙忙的富人说:有闲就是幸福。

一个满头大汗的农民说:丰收就是幸福。

一个漂泊他乡的游子说:回家就是幸福。

一个失去双脚的残者说:能走路就是幸福。

一个失去光明的盲人说:能看见就是幸福。

一个日夜加班的工人说:不上班就是幸福。

一个德高望重的医生说:治好病就是幸福。

一个衣不遮体的乞丐说:有饭吃就是幸福。

一个参加高考的学生说:考上大学就是幸福。

一个北京奥运的选手说:拿到金牌就是幸福。

一个丢失孩子的母亲说:找到孩子就是幸福。

一个生命垂危的病人说:能够活着就是幸福。

古往今来,幸福在人们的观念里有着不同的内容和解释。很多人说,幸福是一种感受,是一种经过,是满足需求后的一种体会,然而,真切的幸福是对需求的一种理解。

心灵悄悄话
XIN LING QIAO QIAO HUA >>>

人心不足蛇吞象,人是一种欲望和需求不断膨胀的动物。在满足需求和不断追求的过程中,如果你的眼里只有金钱,那你的幸福感永远不会有一个底线。

莫让忧愁牵着鼻子走

快乐是你赠给自己的礼物,要把快乐当成一种习惯,让愁容从脸上消散。其实,你怎样对待生活,生活也会以同样的态度对待你。用满面的愁容来面对生活,生活也会让你满面愁容;用微笑来面对生活,即使在寒冷的冬天也会感到生活的温暖,漆黑的午夜也会看到黎明的曙光。

人无论在什么时候,都要保持一种乐观的心态,只有这样,烦恼忧愁才会离你越来越远。俄国大诗人普希金在他的诗中写道:"假如生活欺骗了你,不要悲伤,不要心急,忧郁的日子里需要镇静,相信吧,快乐的日子迟早将会来临。"

阿德勒是个农场主,他的心情总是很好。当有人问他近况如何时,他总是回答:"我快乐无比。"

如果哪位朋友心情不好,他就会告诉对方怎么去看事物好的一面。他说:"每天早上,我一醒来就对自己说,阿德勒,你今天有两种选择,你可以选择心情愉快,也可以选择心情不好,我选择心情愉快。每次有坏事情发生,我可以选择成为一个受害者,也可以选择从中学些东西,我选择后者。人生就是选择,你要学会选择如何去面对各种处境。归根结底,你要自己选择如何面对人生。"

有一天,他被三个持枪的歹徒拦住了。歹徒朝他开了枪。

幸运的是发现较早,阿德勒被送进了急诊室。经过18个小时的抢救和几个星期的精心治疗,阿德勒出院了,只是仍有小部分弹片留在他的体内。

6个月后，他的一位朋友见到了他。朋友问他近况如何，他说："我快乐无比。想不想看看我的伤疤？"朋友看了伤疤，然后问当时他想了些什么。阿德勒答道："当我躺在地上时，我对自己说我有两个选择：一是死，一是活。我选择了活。医护人员都很好，他们告诉我，我会好的。但在他们把我推进急诊室后，我从他们的眼神中读到了'他是个死人'。我知道我需要采取一些行动。"

"你采取了什么行动？"朋友问。

阿德勒说："有个护士大声问我对什么东西过敏。我马上答'有的'。这时，所有的医生、护士都停下来等我说下去。我深深吸了一口气，然后大声吼道：'子弹！'在一片大笑声中，我又说道：'请把我当活人来医。'"

阿德勒就这样活下来了。

人活着就需要有一种笑看人生的乐观心态，微笑着面对困难，面对纷繁的世俗，宠辱不惊，乐观向上。当你把自己生命中的一切遭遇都看作是美丽的风景，用一种看风景的心态来看待人生时，一切都会归于淡然和美好，也就没什么事能将你击倒。

从前在山中的庙里，有一个小和尚被要求去买油。在离开前，庙里的厨师交给他一个大碗，并严厉地警告他："你一定要小心，千万别把油洒出来。"

小和尚答应后就下山去了。在回来的路上，他想到厨师凶恶的表情及严重的告诫，愈想愈觉得紧张。他小心翼翼地端着装满油的大碗，一步一步地走在山路上，丝毫不敢左顾右盼。

很不幸的是，他在快到庙门口时，由于没有向前看路，结果踩到了一个坑。虽然没有摔跤，可是却洒掉了1/3的油。小和尚非常懊恼，而且紧张得手都开始发抖，无法把碗端稳。终于回到庙里时，碗中的油就只剩一半了。厨师拿到装油的碗时，当然非常生气，他指着小和尚大骂："你这个笨蛋！我不是说要小心吗？为什么还是浪费这么多油？真是气死

我了！”

　　小和尚听了很难过，眼泪"哗哗"地流了下来。另外一位老和尚听到了，就跑来问是怎么一回事。了解事情的经过后，他先安抚厨师的情绪，然后私下对小和尚说："我再派你去买一次油。这次我要你在回来的途中，多观察你看到的人和事物，并且需要跟我作一个报告。"

　　小和尚想要推脱这个任务，强调自己连一碗油都端不好，根本不可能既要端油，还要看风景、作报告。

　　不过在老和尚的坚持下，他还是勉强上路了。在回来的途中，小和尚发现其实山路上的风景真的很美。远方看得到雄伟的山峰，还有农夫在梯田上耕种。走不久，又看到一群小孩子在路边的空地上玩得很开心，而且还有两位老先生在下棋。

　　这样边走边看风景，不知不觉中小和尚就回到了庙里。当他把油交给厨师时，发现碗里的油装得满满的，一点都没有洒。

　　愁容是毒药，它不但能改变我们的外表，更能腐蚀我们的心灵。而快乐是解药，它能化解我们脸上的愁容。遇到问题时，如果对自己说"事情进展良好，生活也不错，所以我选择开心"，那么，愁容自会从你脸上消失，而你肯定会快乐无比。

心灵悄悄话
XIN LING QIAO QIAO HUA >>>

　　忧愁像磨盘似的，把生活中所有美好的、光明的一切和生活的幻想所赋予的一切，都碾成云烟。

给自己的人生确立一个意义

　　人生,就是追求快乐和享受幸福的过程。人生本来是没有任何意义的,但是,每个人都有意或者无意地给自己的人生确立一定的意义。如果一个人认为人生就是追求幸福,那么他会一生去追求幸福,他的一生就是追求幸福的一生;如果一个人认为人生就是普普通通,平平淡淡地过日子,那他的一生就是平平淡淡的一生。人生究竟是什么,完全是由自己决定的。

　　一位成功人士回忆他的经历时说:"小学六年级的时候,我考试得了第一名,老师送我一本世界地图,我好高兴,跑回家就开始看这本世界地图。很不幸,那天轮到我为家人烧洗澡水。我就一边烧水,一边看地图。当看到一张埃及地图时,就觉得埃及特别好,因为埃及有金字塔,有埃及艳后,有尼罗河,有法老,有很多神秘的东西,心想长大以后如果有机会一定要去埃及。

　　看得入神的时候,突然听得背后有人问:'你在干什么?'我回头一看,原来是我爸爸,我说:'我在看地图。'爸爸很生气,说:'火都熄了,看什么地图!'我说:'我在看埃及的地图。'我父亲跑过来'啪、啪'给了我两个耳光,然后说:'赶快生火,看什么埃及地图!'打完后,又踢我屁股一脚,用很严肃的表情跟我讲:'记住:你这辈子不可能到那么遥远的地方!赶快生火!'

　　我当时看着爸爸,呆住了,心想:爸爸怎么这样说我呢?真的吗?这一生真的不可能去埃及吗?20年后,我第一次出国就去埃及,我的朋友

都问我：'到埃及干什么？'那时候还没开放观光，出国是很难的。我说：'因为我的生命不能被别人设定。'自己就跑到埃及旅行。

有一天，我坐在金字塔前面的台阶上，买了张明信片寄给我爸爸。我在上面写道：'亲爱的爸爸：我现在在埃及的金字塔前给你写信，记得小时候，你打我两个耳光，踢我一脚，并说我不可能到这么远的地方来，现在我就坐在这里给你写信。'写的时候感触很深。我爸爸收到明信片时跟我妈妈说："哦！这是哪一次打的，怎么那么有效？一脚踢到埃及去了。"

人生只有自己为之确立了目标才有意义。因为所有别人强加的意志，都很难成为一个人自觉为之奋斗的目标，人生也就没有了意义。所以，每个人都应该为自己确立一个清晰、长远的目标，并能为之不懈努力，才能最终有所成就。人的一生不可能一马平川，总会有许多坎坷，但是只要把握现在，把活着的每一天当作你生命的最后一天认真对待，你就能把握住自己的命运，追求到自己想要的幸福。

的确，我们有必要为自己确立一个生活中的目标，按照你确定的目标，朝着你心目中的理想去奋斗，去努力，那么，成功的那一刻也就是你生命中最为有意义的一刻。没有成功，也没有什么关系，在你奋斗努力的过程中，你付出了，没有终日无所事事、碌碌无为，在这个过程中，你过得很充实，很踏实，很丰富，你的人生也就是很有意义的了，你也就是快乐的了。

心灵悄悄话
XIN LING QIAO QIAO HUA >>>

对待自己的人生其实很简单，就是每天能做自己喜欢的事，把每一件事做好。做一些你喜欢的又不伤害别人的事情，那么人生就活出了精彩，你也就快乐了。

简单就是快乐

古人有句话叫"大道至简"，用今天的话来说，就是"越是真理就越简单"。

著名的美籍华裔数学家陈省身先生有一个很有趣的"数学人生法则"：数学的一个重要作用就是九九归一，化繁为简。在人生的过程中，往往越是单纯专一的人，就越容易在某一方面取得成功；而那些想法很多，在许多方面都一试身手的人，则往往终其一生而无所作为。一个人一生的时间是很有限的，即便你健康地活到 80 岁，也才有 29200 多天。这里面还要除去 2/3 用于睡眠和其他琐事的时间，还要除去童年、少年和老年的时光，其实你可以用来做事情的时间只有短短的几千天。在有限的人生中，你不可能做得太多，所以只能有选择、有方向地去努力。

简单使人宁静，宁静使人快乐，而快乐是生命不断走向高处的动力。心理学家 M. N. 加贝尔博士说："快乐纯粹是内在的，它不是由于客体，而是由于观念、思想和态度而产生的。不论环境如何，个人的生活能够发展和指导这些观念、思想和态度。"

有一位名人也曾说："困苦的日子都是愁苦；心中欢畅者，则常享丰筵。"这段话意在告诫世人应设法培养愉快之心。人们应该学会爱自己，让自己过得简单快乐。

忧愁是生活中常见的一种消极的而且没有一点好处的情绪。它是人们共同的敌人，是人们生活、工作和健康的杀手。

大多数人之所以忧愁，是因为他们不能正确面对生活中的一些问题。忧愁总会光顾那些烦躁不安、焦虑不已、永不满足的人们，对他们来说，生

活之中充满了矛盾,幸福和快乐会被担忧和恐怖代替。

美国作家荷马·克罗伊曾举过自己的一个例子:以前他在家里写作的时候,常常会被公寓热水炉的声音吵得快要发疯——蒸汽"嘭嘭"作响,而后是一阵"吱吱"的声音——而他就会坐在书桌前大叫。他本想去找公寓的管理者理论,或者干脆搬走。

有一天,克罗伊与几个好朋友一起出去露营。当他们在野外做饭时,克罗伊听着木柴燃烧时发出的响亮声音突然想到:这声音多么像热水炉的响声,为什么自己会喜欢这种声音而讨厌热水炉的响声呢?如果自己以后能把热水炉的响声当作这样的声音来听,它就应该是一种很好听的声音,就不会对自己造成不良影响了。回家以后,每当热水炉的声音响起时,他就坚持这样想。开始的时候,他还能听到热水炉的响声,不久之后,他就不再注意了。逐渐地,他的生活又恢复了正常。

人们对于快乐的追求是永远没有止境的,但快乐就像一碗盐水,你喝得越多就越饥渴。现实生活中,有些人总是不满足,因此他们总是不快乐;而有些人一天到晚总是非常开心,其中的原因很简单:后者对他们现有的生活感到很满足,于是他们快乐;前者却永远生活在抱怨之中。

据说上帝在创造蜈蚣时,并没有为它造脚,但是它仍可以爬得和蛇一样快。有一天,它看到羚羊、梅花鹿和其他有脚的动物都跑得比自己快,心里很不高兴,便嫉妒地说:"哼!脚越多,当然跑得愈快。"于是,它向上帝祷告说:"上帝啊,我希望拥有比其他动物更多的脚。"

上帝答应了蜈蚣的请求。他把好多好多的脚放在蜈蚣面前,任凭它自由取用。蜈蚣迫不及待地拿起这些脚,一只一只地往身体上贴去,从头一直贴到尾,直到再也没有地方可贴了,它才依依不舍地停止。

它心满意足地看着满身是脚的自己,心中暗暗窃喜:"现在我可以像箭一样地飞出去了!"但是,等它要跑步时,才发觉自己完全无法控制这

些脚。这些脚"噼里啪啦"地各走各的。它必须要全神贯注,才能使一大堆脚不至于互相绊跌而顺利地往前走。这样一来,蜈蚣走得比以前更慢了。

其实,人也是一样,总是希望自己能够得到更多,以为拥有的东西越多,自己就会越快乐。这种想法迫使我们沿着追寻获得的路走下去。可是,有一天,我们忽然发觉,我们的忧郁、无聊、困惑、无奈及一切不快乐,都和我们的图谋有关,我们之所以不快乐,是我们渴望拥有的东西太多了。

懂得减少过多的欲望才有快乐,背着包袱走路总是很辛苦。所以,我们应该保持一颗简单的心,不要自添烦恼。将没有用的、导致我们不快乐的情绪统统减掉,还自己一颗明朗、快乐、轻松的心。

我们在生活中,时刻都在取与舍中选择,我们又总是渴望着取,渴望着占有,常常忽略了舍,忽略了占有的反面——放弃。只有降低我们的欲望,学会放弃,在现实中追求人生的目的,我们才会觉得原来生活对每个人都是公平的。适当地有所放弃,这正是我们获得内心平衡、获得快乐的好方法。

心灵悄悄话
XIN LING QIAO QIAO HUA >>>

懂得减少过多的欲望才有快乐,背着包袱走路总是很辛苦。所以,我们应该保持一颗简单的心,不要自添烦恼。将没有用的、导致我们不快乐的情绪统统减掉,还自己一颗明朗、快乐、轻松的心。

快乐是心的选择

　　有一位年老的父亲,他有两个儿子,他们都很可爱,但哥哥的性格过于悲观,而弟弟的性格又过于乐观。父亲想改造一下他们的性格。正巧,圣诞节来了,父亲给他们分别买了不同的礼物,在夜里悄悄地把它们挂在圣诞树上。

　　第二天早上,哥哥和弟弟都来到圣诞树前,想看看自己得到了什么样的礼物。哥哥的圣诞树上挂了很多礼物,有漂亮的自行车、好玩的气枪、崭新的足球。可是哥哥并不高兴,反而很发愁的样子。父亲问他为什么不高兴,这些礼物不好吗? 哥哥说:"这些东西会给我带来麻烦的。你看这辆自行车,虽然它很漂亮,但我骑出去可能会撞在路边的树上;再看这把气枪,我如果拿出去玩,可能会把邻居的玻璃窗户打碎,那可太糟糕了;至于这个足球,可能很快就会被我踢爆,或是被路上的碎玻璃扎破。真是没什么可高兴的!"父亲听了无言以对。

　　而弟弟在一边正兴致勃勃地打开一个小纸包——那是他的圣诞树上唯一的礼物。纸包打开后,里面居然是一包马粪。父亲等待着看他失望的表情,却没想到这个男孩高兴地尖叫起来,而且一脸兴奋地在屋子里跑来跑去,似乎在寻找什么。父亲问他有什么可高兴的,弟弟说:"我的圣诞礼物居然是一包马粪,你知道这意味着什么吗? 我敢肯定我们家藏着一匹小马。我一定要找出来!"最后,他果然在屋后找到了一匹小马驹。

　　父亲笑着说:"这真是个快乐的圣诞节呀!"

　　其实,生活中,我们每个人都应该像故事中的弟弟一样,内心充满阳

光,时刻都能看到快乐和希望。

随着生活节奏不断地加快,每天总有做不完的事,除此之外,社会竞争的加剧,来自生活、工作、学业、家庭等各方面的压力已经压得人喘不过气。于是,在忙忙碌碌、浑浑噩噩间,快乐离我们的心越来越遥远,心理疾患也开始产生,幸福感骤然下降。

我们的心灵需要快乐,所以我们的心灵更需要呵护!

防止心灵受到污染,就得摆脱使你的生活变得错综复杂的那些恼怒。

其实,一个人幸福与否,往往是取决于他的心境。如果我们用外在的东西换来了心灵的平和,那无疑是获得了人生的幸福,这便是值得的。只要善于调整心态,就能抛开阴影,开创一片新天地。

有一个偏远的小山村,以前这里的居民大都靠打猎为生。很多人都不识字,只有一位老人能够看书识字,大家称他"先生"。这位先生生活严谨、不苟言笑,每天在家看书,或者教村子的一些孩子识字。

有一天,村里一位猎人发现这位平日神情严肃的先生在与一只小鸡游戏,他此时像换了一个人似的,兴高采烈的,猎人对此感到很奇怪。

于是,猎人带着疑问去问这位先生,先生反问道:"你为什么不把弓带在身边,并且时刻把弦扣上?"

猎人回答道:"天天把弦扣上,那么弦就失去弹性了。"

先生便说:"我和小鸡游戏,理由也是一样。"

其实,我们的心就和猎人手里的弓和弦一样,如果天天把弦扣上,我们的心就失去了弹性。生活需要调剂,给自己的心一点空间,你的生命才更有质感,要知道:活着,快乐很重要。

快乐的人,往往是一些永远快乐且充满希望的人。无论遇到什么情况,快乐的人脸上总是带着微笑,心平气和地接受人生的变故和挫折。这就是乐观的生活态度。乐观对人就像太阳对植物一样重要,乐观就是人心中的太阳。

　　的确，人生一世，草木一秋，能够快快乐乐、开开心心地过一生，相信这是每个人的梦想。可心灵也是最柔弱最细腻的，如果你不懂得去呵护自己的心灵，你就不可能求得快乐，而一旦你的心灵得到关爱，你就可获得无上快乐。

心灵悄悄话
XIN LING QIAO QIAO HUA >>>

　　布雷默说："真正的快乐是内在的，它只有在人类的心灵里才能发现。"快乐不只是生活的一种境界，更是一种心情。内心充满快乐的人一定是幸福的，困扰永远无法将他们束缚。快乐可以创造人生的幸福，驾驭好快乐，就可以把平淡的生活经营得绚烂夺目。